ベーシック化学シリーズ 1
大木道則 [編集]

入門 無機化学

森 正保 [著]

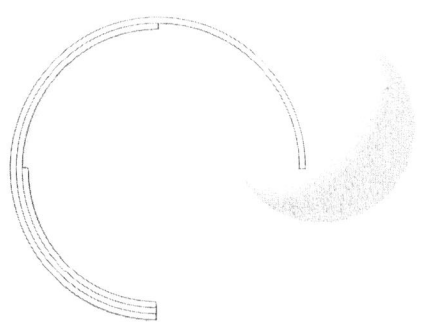

朝倉書店

〈ベーシック化学シリーズ〉
編集に当たって

　近年，大学入学生の多様化が話題になっている．高等学校における学習指導要領の中で，大幅な選択制が導入され，理科でいえば，2科目5単位で高等学校を卒業できることになったからである．その上，少子化現象のために，現在では，大学に入ろうと希望しさえすれば，どこかの大学には必ず入れるという状況になっている．
　その結果，化学の単位を習得しなくても高等学校を卒業できることとなった．そして，そのような学生でも，大学の理工系の学科に入学することが可能になったのである．生物系の学科では化学を知らない学生が増え，化学系では物理を知らない学生が増えている．そして，全員入学という状況から生まれる結果として，化学を高等学校でやらなかった化学科の学生も珍しくなく，高等学校の化学をやってきても，実はそのほとんどを忘れてしまっているという学生も増えている．そこでこれらの学生諸君に，高等学校理科の補習授業を課す大学も増えている．
　大学化学入門と呼ばれる教科書は決して少なくないが，このような状況に対応できる教科書はほとんどなく，大部分は旧来の講義型の教科書となっている，というのがわれわれの見解である．われわれは，このような状況下での大学教科書のあり方について検討したが，対応策としては，高等学校の化学の内容を大学の目でみた教科書を提供し，大学化学へのつながりをよくすることが必要との結論に達した．このようにして編集されたのが，本シリーズの教科書である．テーマとしては「無機化学」，「有機化学」，「化学熱力学」，「量子化学」を選んだ．
　著者によっていくらか考え方に差があるのをあえて統一はしなかったが，高等学校の学習指導要領に示されている内容を，大学の目でみて，新入の大学生にどのようにすれば化学の基礎をわかってもらえるかを考えて，著作・編集をしたのが本シリーズである．これで大学の化学は全部というのでなく，これから授業される大学の化学によりよく取り組むことができ，よく理解していくことを念頭に置いて執筆されている．
　本シリーズは，高等学校で化学を十分に学んだとはいえない学生に役立つ教科書であるばかりでなく，大学の専門講義を難しいと感じる学生諸君の自習用教科書としても大いに役立つことであろう．高等学校で学習した内容が，こんなことだったのかと

理解できるようになれば，今後の化学の学習にも意欲が湧いてくるに違いない．せっかく大学に入ったのに，基礎ができていなくて大学時代を結局無駄に過ごしてしまったといったことにならないよう，本シリーズの教科書をご活用いただきたいものである．

現在の日本の大学の問題点をいくらかでも緩和できること，大学の授業に興味をもつ学生が増えること，そしてその結果，より多くの有能な人材育成に貢献できることを，われわれ著者一同は期待している．

2001年春

シリーズ編集者　大木道則

まえがき

　たまたま出会った人と雑談をしていて，私が化学を教えていますというと，「ああ，あの難しいやつですか，とくに亀の甲が分からなくて」という落ちになることが少なくない．その「難しい」化学を分かりやすく解説し，完全に自分のものにしてもらうのが本書の使命で，果たして著者にそれができるか，心もとない点もあるが，それなりに最大の努力をしたつもりである．

　1960年代ソ連の人工衛星打ち上げに危機感を抱いたアメリカは，科学教育の充実に力を入れ，化学では折しも台頭した化学教育を化学結合論から始める，CBA（chemical bond approach）が大幅に採用され，その動きが1970年代の日本でも文部省（現，文部科学省）の肝入りで強力に推進された．その頃新しく導入された概念としては，電子のエネルギー準位，分子の極性，分子間力，乱雑さ，遷移元素，多段階反応など，一寸挙げてみても相当なものである．そして大学では新入生に「そんなことはもう高校で習った」といわれないかと心配したほどである．

　一方，これらの改革はいくつかの分野で授業を十分理解できない生徒も増加させて負担軽減の必要性が認識され，先に導入されたような高度の内容のものは，1990年代に行なわれた学習指導要綱の改訂で，大部分の課程から除外された．

　これを契機として導入された選択制の拡大は，ときにその学生の分野の基礎として不可欠と思われる学科をとらない学生が増えるという問題点を生じ，また進度の違う学生が共存するクラスの教育は教える側の最大の泣き所でもある．先に述べた負担の軽減による一部内容の削減で，高校の化学は現象の羅列，つまり暗記物といった性格が強くなったのでないかと筆者は危惧している．負担の軽減が全体を無味乾燥にしてしまっては元も子もない．この点への対応策として私は三つの試みを提案してみたい．

一つは，今化学の入口で習っている元素と化合物，原子・分子の考えは，丁度 200 年前の人類が切り開いていった分野で，当時はそれから先のことは誰にも一切分からず，彼らは果敢にその謎解きに挑戦していったのである．そこで我々もその時代に生きたという設定で，いろいろのことが明らかになった過程を，実際に即した例題を手がかりに探検して行くことから始めたいと思う．

　二番目に，たいていの人は現在の専門分野からわずかに離れた，いわゆるエピソード的な話題にも関心を示し，それがまた人生を豊かにし，活力を提供していると思われる点である．そこでたとえば冶金や磁石と古代人の関わり合い，天然資源や公害問題など，古くて新しい問題を囲み記事として取り上げたので，適当にそれらを息抜きとして利用していただけたらと思う．

　そしてもう一つ，以上に劣らず重要と思われるのは，一見無関係で羅列的に見える無機化学上の諸問題が実は互いに原因となり結果となって密接に関連し，そのような関連を知り，根底に横たわる法則を知ることが無機化学の真の理解に繋がるという点である．そしてその関連付けの中心となるのが元素の周期律とその基礎付けとなる原子の構造の理論である．本書でもできるだけ難解になることを避けながらそれらに力点をおいて解説したつもりである．

　本シリーズの編集を企画された大木道則東京大学名誉教授は，小生の本書執筆の当初から，生硬で読みづらかった原稿を詳細にわたって査読され，具体的な改善策についてご助言いただいた結果，小生が自分で読んでみても見違えるほどすっきりした，読みやすいものに変身できたことを深く感謝している．

　また絶えず行き届いたご助言を頂き，本として仕上げにくい原稿と辛抱強く格闘して現在の形に漕ぎ着けられた朝倉書店編集部の方々に厚く御礼申し上げる．

　2001 年 8 月

森　　正　保

目 次

1. 原 子 と 分 子 ···1
   1.1 化学と錬金術　1
   1.2 原子・分子説　3
   1.3 元素と単体，化合物と混合物の関係　6

2. 化学の量的関係 ···9
   2.1 原子の構造，原子量，分子量と化学計算　9
   2.2 モルと物質量　13
   2.3 気体の体積の計算　15

3. 酸 化 と 還 元 ···19
   3.1 物質と電気，イオンの生成　19
   3.2 酸化・還元と電子　20
   3.3 活性金属の性質と製造　23

4. 酸と塩基，中和滴定 ···28
   4.1 酸・塩基の濃度　28
   4.2 中 和 滴 定　30
   4.3 オキソ酸，水酸化物，「水素酸」およびハロゲン　33

5. 酸・塩基と陽子の授受 ···38
   5.1 酸の電離平衡　38
   5.2 水の電離とpH　40
   5.3 ブレンステッドの酸・塩基の共役関係　44

6. 元素の周期律と陰性，陽性 …… 48
6.1 元素の周期律と原子の殻構造　48
6.2 遮蔽効果と元素の陰陽　52
6.3 斜めの類似と遷移元素の出現　55

7. 周期の真中の14族 …… 59
7.1 14族元素の単体　59
7.2 炭素とケイ素の酸素化合物，ハロゲン化物の比較　63
7.3 ケイ酸塩とセラミックス　64

8. 酸と塩基，電子対の過不足 …… 69
8.1 電子対の過不足と13族，15族　69
8.2 アルミニウム，ミョウバンとアルミナ　72
8.3 13族元素と特異な共有結合　73

9. 元素，イオン間の相性と周期表 …… 76
9.1 陽イオンの定性分析と元素の相性　76
9.2 15, 16族元素の概観　79
9.3 希ガスの化合物と17族フッ素の特異性　81

10. 配位化合物 …… 84
10.1 ウェルナーの配位説　84
10.2 ルイス酸としての単純陽イオンと錯形成　88
10.3 キレート滴定法と機器分析　90

11. 無機化合物の化学式と名称 …… 93
11.1 簡単な無機化合物の化学式と名称　93
11.2 金属錯体の化学式と名称　95
11.3 窒素酸化物の化学　97

12. X線と結晶内の原子配置 ………………………………101
12.1 X線の発生と結晶による回折　101
12.2 結晶内の原子の配置　102
12.3 不定比化合物と結晶格子の乱れ　106

13. 物理学の理論と原子の電子構造 ……………………108
13.1 水素とアルカリ金属の原子スペクトル　109
13.2 雷様より電子雲へ——導入モデルの修正　114
13.3 アルカリスペクトルの二重線と電子スピン　117

14. 12族周辺の重金属と電池 ……………………………122
14.1 12族周辺の重金属の挙動　122
14.2 電池の起電力と電極電位　125
14.3 酸化還元反応と電子　131

15. 遷移元素の出現と特徴 ………………………………134
15.1 遷移元素の特徴と化学的挙動　134
15.2 遷移元素化合物の色　140
15.3 遷移元素化合物の磁性　142

章末問題の略解　147
索　引　151

●コラム

- 黄金の国ジパング　2
- 君のサンプルは純粋か？　7
- 電池の歴史　21
- ナポレオンとアルミニウム　26
- アルカリとは？　45
- 周期表のスタイル　52
- ホウ酸はアンモニアを逃がさない　70
- 地球上の元素のつきあい　78
- 化学のひよどり越えと希ガス化合物　82
- 金属分析の新旧花形選手　91
- ニトログリセリンとバイアグラ　99
- 新素材と新型電池　130
- 磁石の歴史は繰り返す　143

1. 原子と分子

　本章では化学が冶金などの経験技術から，実証主義と原因の探求に基礎をおく自然科学としての形を整え，とくに原子・分子の存在を確立していった過程をやさしい例題を手掛かりに解説していく．最初の1.1節では原子説出現以前の時代のことを，やや人文誌的な色彩で書いたが，この節はすべて覚えなければならないといった義務感を持たず，小説のなかで話の筋に入る前の風景や社会背景を描いた部分だと思って気楽に読み流してほしい．それ以後の節では，少なくとも化学に親しみにくいと感じている人は，用意してあるやさしい問題を馬鹿にせず，できれば答えを見ないで解いて十分身に付けていただきたいと思う．

1.1 化学と錬金術

　江戸時代から明治にかけて海外から入ってきた事柄の多くは大幅に意訳されていて，欧米語とはまったく違った表現が使われることが多い．化学もその1つで，英語のchemistryはもともとalchemy（錬金術）に由来し，これは融解した金属を意味する言葉からきていて，当初は冶金技術に近い意味に使われたらしい．わが国でも，古くはオランダ語からの音訳で舎密（セーミ）と呼ばれていた．化学というのはそういった行き掛かりを捨てた名訳である．

　意外と金に関係の深いものに水銀がある．これが金の採鉱に使われたことは次ページに述べている．多分その技術の「応用」であろう，昔，奈良の大仏を金メッキするとき，金を水銀に溶かしたものを銅製の仏像に塗って火であぶ

> **黄金の国ジパング**
>
> 日本は地下資源に乏しいといわれるが，貨幣金属と呼ばれる金，銀，銅など昔はかなり産出し，中国に立ち寄ったヨーロッパ人の帰国談などから，黄金の国ジパングの伝説が広がった．桃山時代から江戸時代初期にかけて，佐渡金山を中心とする金の産出量は世界屈指で，最初は金を水銀に溶かし出してとっていたが，やがて底をつき，その後，残りかすからシアン化アルカリと酸素とで抽出しなおしても採算がとれたという．それも底をついて，日本ではもう金は出ないと思われた矢先，20世紀も後半になって鹿児島県菱刈で高品質の金鉱が大量に見つかった．そして1999年には，菱刈金山の金の累積産出量が佐渡の（歴代）総産出量を上まわった．金自体の評価が今一つになった昨今，あまり話題とならなかったが，化学的耐性の強い金は，最近の情報化社会と無縁ではない．集積回路の配線に金は不可欠で，使用ずみ電気器具から金が回収される時代である．

り，うちわであおいで水銀を蒸発させたらしいという恐ろしい話もある．水銀の鉱石の朱は古くから装飾用に用いられたほか，医薬品としても使われた．唐に渡って広く先端知識を身に付けた弘法大師空海は，布教活動と公共事業の資金確保のためか，銀や水銀の探鉱を試みたらしく，丹波の国生野に銀山を開いたほか，四国の脊梁山脈から和歌山の高野山あたりを経て志摩半島に至る中央構造線付近に，朱を意味する丹の付く地名と空海の遺跡の接点が見られる．

18世紀中頃，プリーストリ（Priestley）は，朱から得られ，当時「赤色沈殿」と呼ばれた物質を強熱すると気体が発生し，そのなかでは多くの物質が激しく燃え，ネズミが長生きすることを知り，彼自身はそれを吸って爽快な気分を味わった．プリーストリからこのことを聞いたラボアジエ（Lavoisier）は，「この気体が空気に含まれて燃焼を支える物質である」と考えた．研究の結果，硫黄やリンなど金属以外の多くの物質もこの気体の中で激しく燃え，生成物に水を加えると酸ができることから，この気体を酸素と名付けた．そしてその原料になる赤色沈殿が水銀を空気中で長く加熱しても生成することから，これは空気中に含まれる酸素が水銀と結合してできたものであり，これが強熱により再び水銀と酸素とに分解すると考えた．この赤色沈殿は現在は酸化水銀と呼ばれる．一方，水銀や酸素はどのような操作によってもそれ以上分解できないことから，これらはただ1種類の成分からなると考え，そのような成分を**元素**

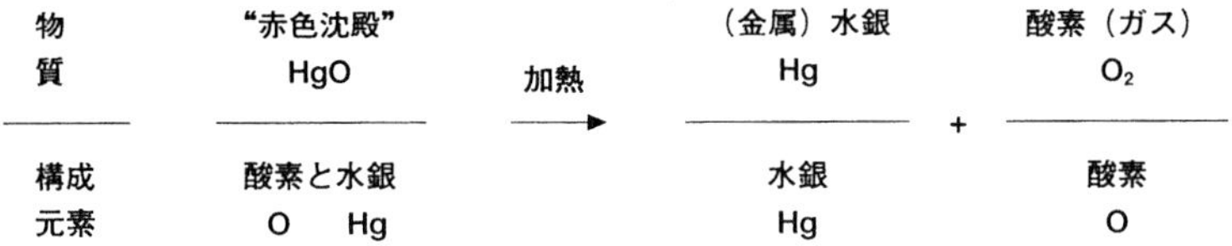

物質	"赤色沈殿" HgO	加熱→	(金属)水銀 Hg	+	酸素(ガス) O_2
構成元素	酸素と水銀 O　Hg		水銀 Hg		酸素 O

図 1.1　"赤色沈殿"(酸化水銀)の分解

(element) と呼んだ.

　酸素や水銀のように 1 種類の元素からできた物質を **単体** (simple body) という. 一つの元素から 2 種類以上の単体ができることもあり, これらは互いに同素体であるという. たとえば黒鉛(石墨)とダイヤモンドは, ともに炭素という元素からなり, 互いに同素体である. 酸素の中で高電圧・高周波の放電を行うと, 生臭い特有の臭いをもったオゾンという気体に変わるが, このオゾンは酸素ガスと同じ元素からできているから, 酸素の同素体である. 元素の名前としては, その元素からできた最も一般的な単体物質と同じ名前を使うのが普通である. たとえば, オゾンと気体の酸素とは, ともに酸素という元素からできている.

　空気は窒素, 酸素, アルゴンなど, 主として単体気体の混合物で, それぞれの単体の持つ性質を合わせ持っている. たとえば空気は気体であり, 作用は弱いが, 物を燃焼させる酸素の特性もある. しかし水銀を空気中で熱するときに得られる赤色の酸化水銀は, その成分元素の作る単体である酸素ガスや金属水銀とはまったく違った性質を示す. このような物質を **化合物** (compound) という(図 1.1 参照). 水銀鉱石の朱は水銀と硫黄からなる化合物の硫化水銀である.

1.2　原子・分子説

　「一定の質量の化合物を分解してそれに含まれる元素の量を調べてみる, つまり分析してみると, それぞれ正確に一定の比率である」ということが 1799 年プルースト (Proust) により確かめられた. これを **定比例の法則** という. たとえば, 赤色の酸化水銀 100 g を分解すると, 92.61 g の水銀と, 7.39 g の

酸素が生成する．

1802年にドルトン（Dalton）は，「A，B二つの元素を含む何種類かの化合物があるとき，Aの一定量に対するBの諸量は，互いに簡単な整数比をなす」という，**倍数比例の法則**を見出した．

例題1.1 鉛と酸素には3種類の化合物が知られており，それぞれの組成は，黄色化合物：鉛92.83%，酸素7.17%，赤色化合物：鉛90.67%，酸素9.33%，褐色化合物：鉛86.62%，酸素13.38% である．倍数比例の法則の成立を示せ．

［解答］ 一定量，たとえば100 gの鉛に対する酸素の質量を比例計算してみると，黄色化合物は $100[g] \times 7.17/92.83 = 7.724[g]$，赤色化合物は $100[g] \times 9.33/90.67 = 10.290[g]$，褐色化合物は $100[g] \times 13.38/86.62 = 15.447[g]$ となり，黄色化合物中の酸素の量を1としたときの比率は，$1 : 1.332 : 2.000 ≒ 3 : 4 : 6$ となる．

上に述べたいろいろな現象を説明するためドルトンは，「すべての物質はそれ以上分けることのできない原子という極めて小さい粒子からなり，同じ元素の原子はすべて同じである」と推論した．そして単体は1種類の原子からなるのに対し，化合物は2種類以上の原子からなると考えた．

同じ頃，気体の化学反応の研究も盛んになり，これがまた大きく化学を進展させることになる．ゲイリュサック（Gay Lussac）は水素と酸素とが水を生成する反応その他を詳細に検討し，「気体の間で化学反応が起こるとき，反応に関与する気体，および生成する気体の体積の間に簡単な整数比が成り立つ」という，**気体反応の法則**を発表した．これを原子の考えで説明しようとする努力も行われたが，当時まだ分子の考え方はなく，ドルトンは「気体状の単体の中には原子は結合せずに単独で存在する」との考えに固執したため，うまく説明できなかった．

この間1811年にアボガドロ（Avogadro）が**原子・分子説**を発表し，「すべての気体は同温，同圧，同体積中に同数の分子を含み，かつ単体気体の分子の多くは2個の原子からなる」としてこれが解決できることを示したが，彼の考

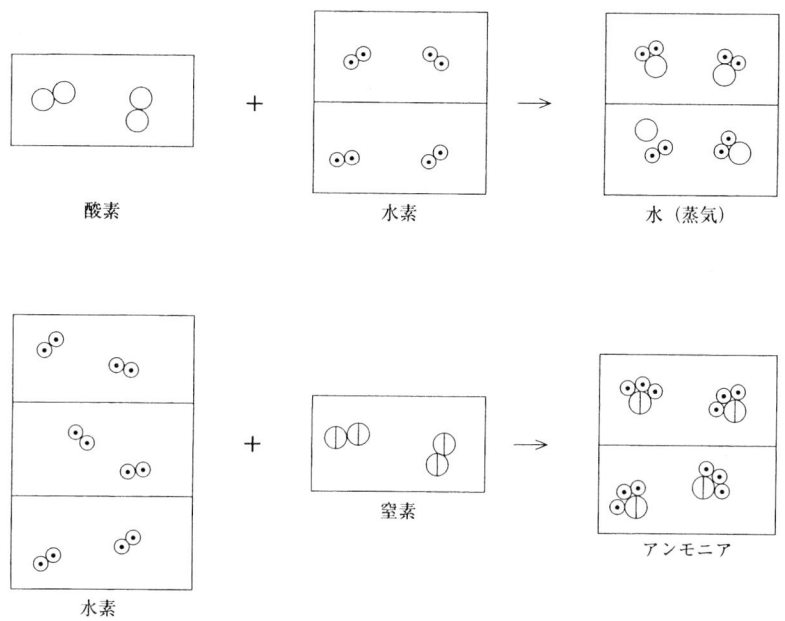

図1.2 いろいろな気体反応と分子

えは半世紀もの間,受け入れられなかった.しかし,1860年にカニツァロ (Canizzaro) が多くの実験事実を示して原子・分子説で説明できることを主張した結果,その考えは急速に認められ,これを機に多くの疑問が解消した (図1.2). とくに一つの元素の原子はすべて同じ質量を持つとの考えから原子の相対的な質量,つまり原子量が次々に決定され,これがまたのちに述べる周期律の確立へとつながった.

また原子や分子を表すのに,ラテン名の頭文字,またはそれに次の小文字を添えた,今日も使われる元素記号が使われるようになり,記述が洗練された.

例題1.2 硫化水素 (H_2S) は燃焼して二酸化硫黄 (SO_2) と水蒸気 (H_2O) を生じる.硫化水素1Lの燃焼でできる生成物の体積は,同じ温度,同じ圧力でそれぞれ何Lか.またその燃焼には,何Lの酸素が必要か.なお,この反応を係数を付けた反応式で表せ.

[解答] 硫化水素の分子には硫黄原子1個と水素原子2個が含まれ,それぞ

れが酸素原子と結合すると二酸化硫黄1分子と水1分子ができる．したがって硫化水素1Lからは同温・同圧で各1Lができる．このとき生成する二酸化硫黄の分子には2個の酸素原子，水分子には1個の酸素原子が含まれるので，合計3個の酸素原子，つまり1.5個の酸素分子が必要になる．これから硫化水素1Lの燃焼には同温・同圧の酸素1.5Lが必要で，反応式の係数には整数を用いて，

$$2H_2S + 3O_2 \longrightarrow 2H_2O + 2SO_2$$

と表すことができる．

1.3 元素と単体，化合物と混合物の関係

1.1節の元素の説明は分かっていただけただろうか？　いや，あれだけの説明で分かれというのにはやや無理がある．元素とは現実の物質そのものではなく，物質を構成する材料である．赤色沈殿は水銀と酸素の2種類の元素からできているが，金属水銀や酸素ガスはそれぞれ水銀という元素，および酸素という元素からできているといわれても，水銀がまた2種類以上に分かれないというのは，当時としてはラボアジエを信用するしかなかったわけである．現にラボアジエが岩石や明ばんの成分元素と考えていたシリカやアルミナは，それぞれのちにケイ素（シリコン）およびアルミニウムの酸化物であることが分かっている．

そして元素の明快な定義は，原子の考えの導入によって初めて可能になる．すなわち，元素とは物質の成分としての原子の種類を意味し，先に述べたように，単体は1種類の原子からなり，化合物は2種類以上の原子からできている．

もう一つ分かりにくかったと思うのは，一つの元素から2種類以上の単体，つまり同素体ができることである．これも原子・分子説によって，酸素ガスの分子は2原子の酸素原子が結合してできているのに，オゾンは三つの酸素原子が結合してできていることを知れば，疑問は解消しよう．

さらに黒鉛とダイヤモンドの結晶のなかでは，炭素原子がそれぞれ図1.3お

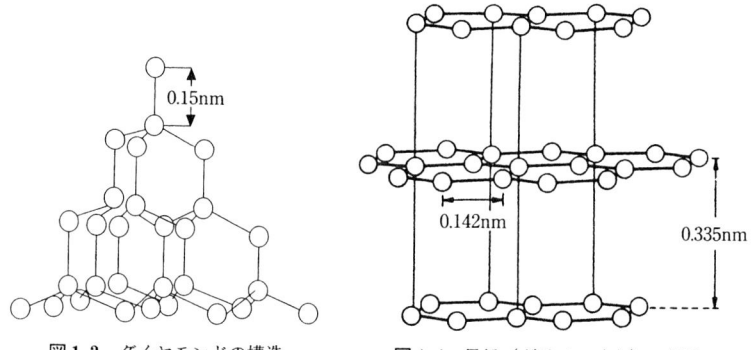

図1.3 ダイヤモンドの構造　　図1.4 黒鉛（グラファイト）の構造

よび図1.4のように結合していることを見て，その違いを理解されると思う．

　元素と単体に同じ名前が使われることも両方の関係を分かりにくくしている．たとえばタンパクのなかの窒素の含量というときの窒素は元素として，つまり成分としての窒素であるが，窒素は極めて反応しにくい気体であるというときの窒素は単体，つまり現実の物質としての窒素である．

> **君のサンプルは純粋か？**
> 　一つ注意しなければならないのは物質の純度の問題である．市販の化学薬品のラベルには純度99.9％などと記してある．これはよほど不純物の少ない部類に属し，われわれが特定の化合物を作るといっても完全に化学式通りの物質のみを取り出すことはできず，いかにして純粋なものを作るかということは化学を研究する者が常に心掛けるべきことである．とくに多くの物質は互いに溶けて均一の溶液になり，あるいは合金のように均一に混じり合ったまま固体になる（これを固溶体という）．このようなものを新しい化合物と誤認しない注意も極めて重要である．

　例題1.3　次の1～6の物質を，ア．単一の単体，イ．単体の混合物，ウ．単一の化合物，エ．化合物の混合物，に分類せよ．
1. ドライアイス，2. 塩酸，3. 氷酢酸，4. 真ちゅう，5. 黒鉛，6. ベンゼン
　　［解答］　1：ウ，　2：エ，　3：ウ，　4：イ，　5：ア，　6：ウ
　　［注意］　塩酸は気体の塩化水素（HCl）を水に溶かして得られる水溶液のみ

を指す．氷酢酸は単に酢酸ともいい，16.66℃で固体になる純物質であるが，酸類は水で薄めた希酸も希を付けずにもとの酸の名前で呼ぶこともあり，やや曖昧である．

例題 1.4 1.1節で，古くから知られた赤色顔料の朱は硫黄と水銀からなる硫化水銀（HgS）という化合物であると述べた．この朱を長く加熱すると赤色沈殿（酸化水銀，HgO）に変わり，これをさらに強熱すると水銀が留出することは古くから知られていた．この硫化水銀の加熱で酸化水銀ができる変化の反応式を書け．

［解答］ $2HgS + 3O_2 \rightarrow 2HgO + 2SO_2$

●まとめ

(1) 金，銀，銅などの貨幣金属を初めとし，現在，漢字で書かれる金属は人類史上古くから知られ，冶金その他の技術が発達していた．

(2) 18世紀中頃から上記の金属を中心にその化学変化の本質を理解しようとする動きがヨーロッパで盛んになり，諸種の法則が確立され，元素の考えが出された．

(3) さらにそれらの現象や法則を説明する努力の中で原子説，分子説が生まれた．

問　題

1.1 銅と酸素の化合物には赤色のものと黒色のものがあり，前者は88.82%の銅を含み，後者は79.89%の銅を含む．これから倍数比例の法則が成り立つことを示せ．

1.2 無色の一酸化窒素（NO）は酸素に触れると瞬時に反応して二酸化窒素（NO_2）になる．この反応を係数付きの反応式で表せ．

1.3 「ケイ素」を元素の名として使った短文を作れ．

2. 化学の量的関係

　元素と化合物，原子・分子の考えと，いろいろな化学の法則はさらに化学を発展させる出発点となった．すなわち，原子の質量の比率が分かれば，新物質を作るときの材料の調合の目安が得られる．このようにして多くの元素の原子量，分子量が確定され，さらに試料の質量と，これに関係する気体の体積の関係も明らかになった．

2.1　原子の構造，原子量，分子量と化学計算

　ドルトン（Dalton）が最初に原子を考えたとき，その英語名 atom から分かるように，それ以上分けられないことを基本性質とした．ところが20世紀の初め頃，ラジウムなどの放射性元素から放出される α 線が金箔を通過するときの散乱実験の結果から，ラザフォード（Rutherford）は「原子内は大部分が真空の空間であり，中心に極めて小さい，しかし原子の質量の大部分が集中する原子核があり，そのまわりにいくつかのはるかに軽い電子が点在（回転）する」と推論した．すなわち，この散乱実験で大部分の α 線はそのまま直進したが，これは金の内部の大部分の空間は真空に近いことを示し，まれに大きく方向を曲げられる α 線があるということは，小さな領域に質量が集中する部分，つまり原子核の存在のためと考えた．

　その後，原子核自身もプラスの電気をもった**陽子**（プロトン，proton）と，電気的に中性の**中性子**（ニュートロン，neutron）とからなることが分かってきた．陽子と中性子の質量はほぼ同じで，**電子**（エレクトロン，electron）の

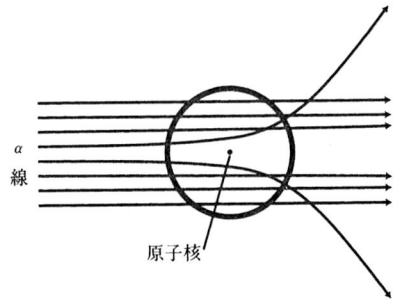

図2.1 ラザフォードの散乱実験

質量の約1840倍である．

　ドルトンは原子の相対質量の基準として水素原子を選び，その値を1とした．その後，多くの元素と化合物を作る酸素が基準に選ばれ，その原子量を16とした．20世紀の初め，原子や分子が電気を帯びて生じるイオンの質量を物理的手段によって精密に求める質量分析（mass spectrometry）の技術が考案され，これによりネオンの原子には，化学的挙動はほとんど同じであるが，質量の異なる3種類の原子があることが分かった．これらを互いに**同位体**という．そして間もなく，酸素原子にも3つの同位体があることが分かった．したがって，それまで原子量の基準とされた酸素原子の質量は，これら同位体の混合物の質量の加重平均であることが分かった．しかもこれら同位体の含有率は，その出所によりわずかながら異なることも明らかになり，このような混合物の平均質量をすべての原子の相対質量の基準とすることは望ましくないことが明らかになった．

　このように同位体が存在するのは，陽子の数は同じで，中性子の数が異る原子核があることによる．原子全体は電気的に中性であるから，陽子の数は核外電子の数に等しく，これを原子番号という．元素の化学的性質は主として原子番号によって決まり，したがって各元素は決まった原子番号を持つことになる．たとえば，酸素の原子番号は8で，ナトリウムの原子番号は11である．

　陽子の数と中性子の数の和を質量数という．原子の相対質量は主として質量数によって決まる．個々の同位体を表すには，元素記号の左上に質量数を記す．上に述べたように原子量の基準としては同位体の混合物である天然の酸素

は望ましくないということで，国際純正応用化学連合（IUPAC）の会議では，天然の炭素に最も多く含まれる質量数 12 の炭素原子 ^{12}C の質量を基準として選び，その質量を 12 として他の原子の相対質量を表すことに決められた．巻末の原子量表は各元素についてこの基準で求められた成分同位体の相対質量に，国際的な調査から得られた同位体の分布 [%] を掛けて加えた値を，有効数字 4 桁で四捨五入したものである．また分子の相対質量，つまり分子量は，構成原子の原子量に原子数を掛けて加えればよい．

例題 2.1 天然の酸素中に含まれる同位体の相対質量，および原子数 [%] は，

同位体核種	^{16}O	^{17}O	^{18}O
相対質量	15.9949	16.9991	17.9992
原子数 [%]	99.759	0.037	0.204

である．これらのデータから酸素の原子量を求めよ．

[解答]　$15.9949 \times 0.99759 + 16.9991 \times 0.00037 + 17.9992 \times 0.00204$
　　　　$= 15.9994$

金属元素と非金属元素からできた化合物には，金属元素の原子が＋の電気を帯びてできた陽イオンと，非金属元素の原子が－の電気を帯びてできた陰イオンとが規則的に積み重なって結晶を作るものが多く，このような化合物をイオン結晶という．たとえば，塩化ナトリウム NaCl の場合，ナトリウムイオン Na$^+$ と塩化物イオン Cl$^-$ とが図 2.2 に示すように積み重なって結晶を作り，

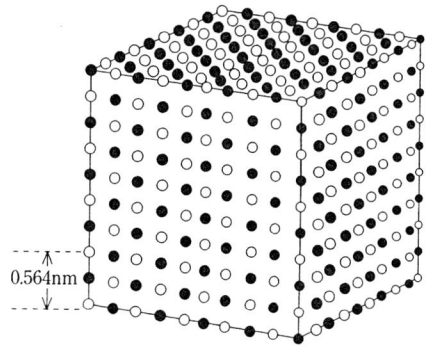

図 2.2　NaCl 結晶内の原子配置
膨大な数の Na$^+$ と Cl$^-$ が交互に並んでいるので，それぞれの数は等しいと見てよい．質量比は 22.95 : 35.45 である．

NaとClの比は1:1に保たれる．この場合，分子は存在しないので分子量を考えることはできないが，計算の手掛かりとして，最も簡単な比率に相当する式，すなわち組成式NaClから計算される 22.99＋35.45＝58.44 を**式量**という．

例題 2.2 鉄（Fe）と硫黄（S）とを加熱すると塩化鉄（FeS）ができる．鉄 100 g に対して硫黄何 g を使えばよいか．ただし反応は計算通りに進むものとする．

［解答］ 原子量は Fe＝55.85，S＝32.07．鉄 100 g に対し硫黄が x g 必要とすれば，55.85：32.07＝100：x から，$x=32.07\times 100/55.85=57.42$ [g]．

硫化鉄に塩酸を加えると，FeS＋2HCl → H_2S＋$FeCl_2$ の反応で硫化水素を発生する．この気体はわずかに水に溶けて弱い酸性を呈する．いろいろな金属塩類の溶液に硫化水素を通じると，一部の金属塩類とだけ反応し，たとえば，$CuCl_2$＋H_2S → CuS＋2HCl のようにその金属の硫化物を沈殿する．このことは金属塩類の混合物から特定の金属だけを分離するのに利用される（6.2節参照）．

例題 2.3 銅を濃硫酸（H_2SO_4）と加熱すると二酸化硫黄（SO_2）を発生して溶け，硫酸銅(II)（$CuSO_2$）ができる．これを反応式で表せ．

［解答］ 関係する物質の化学式を並べてみると，Cu＋H_2SO_4 → SO_2＋$CuSO_4$ となる．左辺にHがあるが右辺にないので，右辺に H_2O を付け，係数を未知数として，xCu＋$y H_2SO_4$ → $u SO_2$＋$v CuSO_4$＋$w H_2O$ のように書き，左辺と右辺とで各原子の数が等しくなるように連立方程式を作ってみる．すなわち，

Cuについて， $x=v$　　　　　　　　　　　　　　　　(1)
Hについて， $2y=2w$　　　　　　　　　　　　　　　(2)
Sについて， $y=u+v$　　　　　　　　　　　　　　　(3)
Oについて， $4y=2u+4v+w$　　　　　　　　　　　(4)

(1)と(3)から $y=u+x$ …(3′), (1)と(4)から $4y=2u+4x+w$ …(4′), (2)により w を y で表すと，(4)は $3y=2u+4x$ …(4″). (4″)−(3′)×2 から $y=2x$. (3)に代入し，$u=x$, (2)より $w=2x$. したがって，$x:y:u:v:w=1:2:1:1:2$. この比を係数として付ければよい．

例題 2.4 塩素には2つの同位体 ^{35}Cl と ^{37}Cl が含まれる．それぞれの相対質量を 35.0 および 37.0, 塩素の原子量を 35.45 として各同位体の原子数の割合 [%] を求めよ．

[解答] ^{35}Cl が x%, ^{37}Cl が $(100-x)$% とすると，$35.0x+37.0(100-x)=3545$. $155=2x$, $x=77.5$[%].

2.2 モルと物質量

　化学反応では関与する物質の分子やイオンなどの数の間に簡単な整数比の関係があり，これは前節の水素と酸素の反応でも見てきた．一方，すべての気体は同温，同圧，同体積中に同数の分子を含み，反応に必要な量を確保するには，反応の分子数比と同じ体積比の原料気体を採取すればよい．しかし出発物質が液体や固体の場合はそうはいかない．原料は普通天秤で秤りとるが，どれだけ必要かは原子量，分子量，式量などを使い反応式から計算しなければならない．

　先にそのような例として，鉄と硫黄とから硫化鉄を作る場合の量的関係を求める問題を出しておいた（例題2.2参照）．そのとき必要な鉄と硫黄の重量比は，ちょうど両者の原子量の比，55.85：32.07になる．とても簡単な整数比といえるものではない．しかしこの比率が守られている限り，そこに含まれる原子の数は両方の元素で等しいはずである．そこで質量ではなく，たとえば気体の体積のように粒子数に比例するような量を考えることはできないだろうか．その最も簡単な答えは，原子量 55.85 の鉄は 55.85 g, 原子量 32.07 の硫黄については 32.07 g を基本単位にしてしまうことである．そしてそれは古くから**モル** (mol) と呼ばれた単位である．分子性化合物については，分子量 18.016 の水 18.016 g が 1 mol であり，分子量 98.08 の硫酸 1 mol は 98.08 g である．どの場合にも 1 mol の中に含まれる粒子の数は 6.0222×10^{23} 個で，

これを**アボガドロ数**という．あるいは /mol という単位を付けてアボガドロ定数と呼ぶこともある．

エレベーターに大勢の人が乗りこみ，さらに1人乗ろうとした途端ブザーがなって重量制限を食らうことはよくあるが，人間社会ではこれは例外的で，普通は重い人も軽い人も対等に扱われる．だから客船は定員何人であって総重量何 kg ではない．化学反応でも軽い分子も重い分子も対等にわたりあうから，質量よりも粒子数に基づくモルが合理的である．

前述の原子量基準の改訂と関連して，国際純正応用化学連合（IUPAC）の会議で物質量という考えが導入された．すなわち質量数 12 の炭素同位体 0.012 kg に含まれる炭素原子の数と同数の，同一種類の粒子の集団を基本単位 1 mol とし，これを単位として測った粒子の集団の量を物質の量，または物質量と名付けた．

その趣旨は，「分子量，式量の数値にグラムを付けたのがモル」というのは単に計算のための便法と受け取られるので，これに物理的な意味を持たせたものだろう．ただ初学者には何となく近寄りがたい感じを与えるのも事実である．日本訳の物質量という語が質量と似ていることもわれわれには不幸であった．定義の堅苦しさに気後れせず，実際に使ってモルの便利さを体験してほしい．

例題 2.5 次のものは何 mol か．Ag 107.87 g, Ag 100 g, H_2S 50 g.

[解答] Ag 107.87 g は 1 mol であり，100 g は $100/107.87 = 0.927$ [mol]. H_2S の分子量は $1.008 \times 2 + 32.07 = 34.09$ であるから，50 g は 1.47 mol.

例題 2.6 次のものの物質量はどれだけか．Mg 20 g, CCl_4 100 g.

[解答] これは例題 2.3 と同じ種類の問題なのだが，物質量というと何となく難しく思う．答えは $20/24.31 = 0.823$ [mol], $100/153.81 = 0.650$ [mol].

例題 2.7 密度 1.293 g/cm^{-3} の CS_2 100 cm^3 の物質量はどれだけか．

[解答] 質量は 129.3 g だから，$129.3/76.14 = 1.698$ [mol]．（密度は 0℃）

2.3 気体の体積の計算

アボガドロの原子・分子説によれば，同温，同圧，同体積の気体は同数の分子を含むが，温度や圧力が違う場合はどのように考えたらよいのだろう．気体の圧力と体積の関係は，アボガドロの説より 150 年も前にボイル（Boyl）によって調べられた．彼はイギリスのイートン校に学んだのち，スイスからイタリアに渡って，当時台頭したルネッサンスの動きの中でガリレイらの新しい自然科学に接して帰国し，実験による原理の探求を押し進めた．そして 1662 年「一定の温度で一定量の気体の体積は圧力に反比例する」，言い換えれば「体積と圧力の積は一定である」という，**ボイルの法則**を確立した．

ここで圧力とは何かについて少し考えてみよう．地球のまわりは膨大な量の空気で覆われており，その空気の重さは水柱に換算すると，ほぼ 10 m の深さに相当する．したがって地表では 1 m² あたり 10 m³ の水が乗っている割合になり，その質量は 10000 kg 余りになる．これに掛かる重力は，質量に比例し，比例定数は重力の加速度と呼ばれる．その地球上の平均的な値は 9.8 N（ニュートン）/kg であるから，地表 1 m² に働く力はこれを掛けて，およそ 100000 N と求められる．圧力の単位は単位面積あたりに掛かる力，N/m² で表され，Pa（パスカル）と呼ばれる．つまり大気圧はほぼ 10^5 Pa になる．圧力を表すには長年の習慣として大気圧の平均的な基準として決められた 1 atm（気圧）も広く用いられ，現在は規約により 1 atm = 101325 Pa と決められている．一定の圧力のもとで気体が一定の体積を保っているのは，この外圧に対して気体自身が同じ圧力で対抗し，釣り合っているためと考えることができる．その圧力は気体の分子が容器の壁にぶつかって跳ね返されて運動量を変化させることによって生じる．

ボイルの法則の発見のさらに百年後シャルル（Charle）とゲイリュサック（Gay Lussac）は，「一定の圧力では一定量の気体の体積は絶対温度に比例する」という法則を立証した．絶対温度とは摂氏の 0℃ を 273.15 K とし，摂氏と同じ間隔の目盛りで表す温度の表し方で，絶対温度の数値は摂氏温度の数値に 273.15 を加えたものに等しく，数値のあとに K を付けて表す．

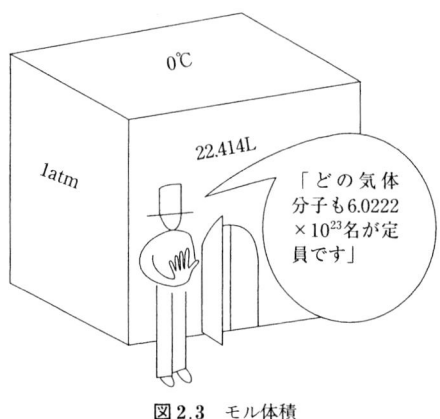

図2.3 モル体積

　一方,アボガドロによれば同じ温度,同じ圧力で同数の分子は同じ体積を占めるから,「気体の体積は圧力に反比例し,物質量と絶対温度に比例する」ことになる.圧力を P,体積を V,絶対温度を T で表すと,この関係は

$$PV = nRT \tag{2.1}$$

と表される.ここで,R を気体定数という.一方,0℃（273.15 K）,1 atm で理想気体 1 mol の体積は 22.414 L であることが知られている（図2.2）.これらの値を使って R の値を L·atm/(K·mol) 単位で計算すると,$R = 22.414/273.15 = 0.082057$ [L·atm/(K·mol)] となる.国際単位系（SI）では,体積の単位は m³,圧力は Pa であり,理想気体 1 mol は 273.15 K（0℃）,101325 Pa（1 atm）で 0.022414 m³ を占めるから,R の値は $101325 \times 0.022414/273.15 = 8.3145$ [Nm/(K·mol)] となる.Nm（ニュートン・メートル）はエネルギーの単位 J（ジュール）に等しいので,$R = 8.3145$ [J/(K·mol)] である.

　物理学や物理化学の分野でエネルギー関係の計算をするときにはこの値を使う必要がある.しかしそれ以外の化学関係の計算では L·atm/(K·mol) 単位の値を使うことも少なくない.これはいわば現状に妥協したもので,圧力の単位としては天気予報でヘクトパスカル（=100 Pa）が使われるようになったものの,十分親しまれているとはいえず,気圧を使うこともまだ一般的である.したがって両方の表し方や使い方を十分理解しておく必要がある.

例題 2.8 ドライアイスを気化させて 27℃, 1 atm で 10 m³ の二酸化炭素ガスを得るには, 何 kg のドライアイスが必要か. またこれを炭酸カルシウムと塩酸とから作るには約何 kg の炭酸カルシウムが必要か.

[説明] ドライアイスはボンベに封入された液状二酸化炭素を急激に大気中に放出させ, このときの気化熱による冷却のため一部分が固体となった二酸化炭素を集めて固めたもので, CO_2 分子が規則的に配列してできた固体物質である.

[解答] 27℃, 1 atm で 10 m³ (10000 L) の CO_2 の物質量は $n = PV/RT$ = $10000/(0.0821 \times 300) = 406$ [mol]. CO_2 の分子量は 44.0, $CaCO_3$ の式量は 100.1 だから, ドライアイスは $406 \times 44.0/1000 = 17.9$ kg, 炭酸カルシウムは 40.64 kg が必要.

●まとめ

(1) 原子は質量の大部分が集中する原子核と, はるかに軽い電子からなる.

(2) 原子核はほぼ同じ質量の陽子と中性子からなる. 陽子はプラス電気を帯び, 中性子は電気的に中性である.

(3) 原子に化学的性質がほぼ同じで質量の違った同位体があるのは, 陽子の数は同じで中性子の数の違った原子核があるからである.

(4) 原子の質量の相対値, つまり原子量の基準としては, 炭素に最も多く含まれ, 最も質量の小さい同位体の質量を採用し, その値を 12 と決める. 2つ以上の同位体からなる元素の原子量はそれらの相対質量の加重平均である.

(5) 分子量は構成する原子の原子量に原子数を掛けたものを足して求められる.

(6) 原子量基準に選ばれた炭素の同位体の 12 g 中に含まれる原子の数は 6.0222×10^{23} で, この数をアボガドロ数という. またこれがモルあたりの数であることを表すため, /mol の単位を付けたものは, アボガドロ定数という.

(7) どの物質についても, アボガドロ数に等しい同一粒子の集団を 1

mol とし，mol 単位で測った量を物質量という．

(8) n mol の気体は絶対温度 T K，P atm で，$V=nRT/P$ の体積を占める．

問　題

2.1 次の物質 0.1 mol はそれぞれ何 g か．Mg, Cl_2, NH_3, H_2S, AgCl．

2.2 銅と亜鉛からなる合金（黄銅，真ちゅう）2.48 g を硝酸に溶かし，水で薄めて，十分な時間，電気分解して陰極に銅を完全に析出させたところ，その質量は 0.823 g であった．この合金中の銅と亜鉛の重量％，およびモル分率を求めよ．ただし，Cu＝63.55，Zn＝65.39 とする．なおこの場合の Cu のモル分率とは，(Cu の物質量)／(Cu の物質量＋Zn の物質量) である．

2.3 不純な金属亜鉛 1.41 g を希塩酸と反応させたところ，27℃ 1 気圧で 492 mL の水素を発生した．亜鉛の純度を計算せよ．

2.4 不純物を含む石灰石（主成分は $CaCO_3$）の 1.00 g に塩酸を十分に加えたところ，発生した二酸化炭素は 0℃，1 atm で 213 mL あった．石灰石の純度は何％か．ただし，不純物は二酸化炭素を発生しないものとし，二酸化炭素の水への溶解は無視する．

2.5 0.01 mol/L の水酸化カルシウム溶液 1 L に 0℃，1 atm で二酸化炭素 112 mL を通じるとき，何 mg の炭酸カルシウムが沈殿するか．またその結果，溶液に残る水酸化カルシウムの濃度は何 mol/L になるか．

3. 酸化と還元

第2章までは，化学反応を主として原子と原子の結合，あるいは結合の組み換えとして捉えてきた．しかし電気分解による活性金属の分離，ファラデーの法則の発見などにより，多くの化学変化，とくに酸化・還元は電子の移動あるいは授受として理解されることが分かってきた．以下にこれらを考察する．

3.1 物質と電気, イオンの生成

アボガドロの原子・分子説が半世紀もの間認められなかった1つの理由は，非金属元素の間でしかできない気体化合物の反応の説明に限られていた点である．一方，金属化合物の化学については，1800年のボルタ（Volta）による電池の発明を契機として，電気を利用する化学の研究に大きな進展が見られた．

たとえば1808年，デイビー（Davy）は溶融塩類に電流を通じることにより，金属ナトリウムや金属カルシウムを分離し，それまで単体と思われていたソーダや石灰が，実はナトリウムやカルシウムという金属元素の水酸化物や酸化物であることを明らかにした．そして1833年にはファラデー（Faraday）により，「一定の電気量で生成または析出する質量は化学当量に比例する」という電気分解の法則（**ファラデーの法則**）が発見された．化学当量とは原子量または分子量を価数で割った値であるが，最近使われないので，違った表現を使うと，電気分解で物質1モルを生成または反応させるのに必要な電気量は基本的な値，96487 C（クーロン）の整数倍になり，この整数はイオンの価数である（1 C は 1 A（アンペア）の電流が1秒間に運ぶ電気量）．この基本的な電気

量は現在ファラデーの栄誉を称えて1ファラデーと決められ，Fの文字が使われる．

先に述べた陽イオンとは，原子が外側にある電子のうちの何個かを失ってプラス電気を帯びた状態であり，陰イオンは原子が電子を余分にとり込んでマイナスを帯びた状態である．たとえばカルシウム原子は2個の電子を失ってカルシウムイオン Ca^{2+} になりやすく，フッ素原子は電子1個を余分にとり込んで，フッ化物イオン F^- になりやすい．フッ化カルシウムは常温ではイオン結晶を作り，分子にはならないが，全体が中性になるためには Ca：F の比は 1：2 でなければならない．すなわちイオン結晶でも定比例の法則が成り立つ．これらの化合物では分子式を書くことはできないので，CaF_2 のような組成式で表す．

単体金属の結晶では，原子の外殻の電子は原子から離れて自由に移動し，金属陽イオンを互いに結び付ける役割をする．このような結合を金属結合という．

電気分解で発生する気体の体積も，ファラデーの法則を使って計算できる．

例題 3.1 白金を電極として硫酸銅水溶液に1Aの電流を32分10秒流すとき，陰極に析出する銅の質量および陽極で発生する酸素の体積を求めよ．

［解答］ 流れた電気量は，$60 \times 32 + 10 = 1930$ [C]．1 F = 96500 C とすると，0.02 F にあたり，銅イオンの価数は2だから，0.01 mol つまり 0.635 g が析出する．一方，酸素は2価の元素だから，O_2 を 1 mol を発生させるには 4 F の電気が必要で，0.02 F の電気量により 0.005 mol の O_2 が発生し，0℃，1 atm では 112 mL となる．

3.2 酸化・還元と電子

先に金属が酸素と反応して酸化物を生じることを**酸化**といい，金属酸化物を炭素や一酸化炭素と熱するとき酸素が奪われて金属を遊離することを**還元**といったが，金属は電気分解によっても遊離し，そのとき金属イオンは陰極から電子を受けとり，その電子は金属結晶内に入って自由電子となって金属陽イオン

電池の歴史

中央アジアの遺跡から素焼きのかめと鉄の筒および銅の棒が出土し,多分電池として金属のメッキに使われたのではないかという.その後ボルタによって亜鉛―希硫酸―銅の構成の電池が発明されるまで,人類史上に電池の記述は見つかっていない.1800年のボルタの発明は,その10年前,解剖したカエルの死体にメスが触れたとき足が動くのを見たガルバーニ(Galvani)が行った,異種金属の接触で起こる電気現象の研究に触発された結果である.そしてそれらを契機として19世紀には電気化学が大きく発展することになるが,電子の発見自体は19世紀末のことで,電子が原子の構成要素であることが分かり,電気化学における電子の役割の全貌が明らかになったのは20世紀になってからである.

同士を引き付け,結晶格子の形成に関与すると考えられる(図3.1).そこで酸化還元の考えをもっと広い範囲の現象にあてはめるため,酸化とは原子や分子が電子を放出する現象であり,還元とは電子を獲得することであると考えることにする.金属が酸素と化合するときも,金属はその自由電子を酸素分子(O_2)に与える結果,酸化物イオン(O^{2-})が生成し,このときできた金属陽イオンと酸化物イオンとがイオン結晶を作ると考えられる.つまりこの反応で金属は酸化されるが,酸素は還元されたことになる.金属イオンのプラス電荷がさらに増大する,$Sn^{2+} \rightarrow Sn^{4+} + 2\,e^-$ のような反応ではスズ(II)イオンは酸

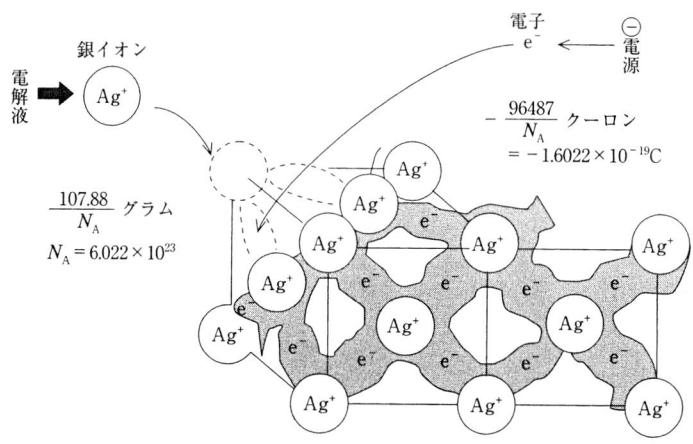

図3.1 銀塩の電気分解の模式図(陰極部)

化され,逆方向に進む反応ではスズ(IV)イオンは還元されることになる.

酸化・還元の考え方は非金属元素同士が作る化合物にも拡張される.たとえば二酸化炭素（CO_2）や二酸化硫黄（SO_2）では,電子が対を作って両方の原子の間で共有されると考えられるが,そのような場合でも電子がどちらか一方の原子の方に偏った極性結合では,便宜上いくらかでもプラスを帯びた原子は酸化されたと考え,酸素（O）やフッ素（F）のようにいくらかでもマイナスを帯びた原子は還元さたと考える.つまり燃焼により炭素（C）や硫黄（S）は酸化され,酸素（O）は還元される.

酸化還元反応を考える場合.反応に関与するすべての原子について酸化数というものを考えると便利である.このとき通常,次の規則に従う.すなわち,
  (1) 単体を構成する原子の酸化数は0とする.
  (2) 化合物を構成する原子の酸化数の総和は0とする.
  (3) 化合物中のNaなど周期表1族（後出）は+1,Caなど2族は+2,Oは-2（ただしH_2O_2など過酸化物の中のOは-1）.
  (4) 単原子イオンの原子の酸化数はイオンの価数に等しくする.
  (5) 多原子イオンの中の原子の酸化数の総和はそのイオンの価数に等しい.

例題3.2 Na_2S, SO_2, SO_3,およびSO_3^{2-}の中のSの酸化数を求めよ.
[解答] Sの酸化数をxとすると,Na_2Sの場合 $1\times2+x=0$, $x=-2$.
  SO_2の場合, $x+(-2)\times2=0$, $x=4$
  SO_3の場合, $x+(-2)\times3=0$, $x=6$
  SO_3^{2-}の場合, $x+(-2)\times3=-2$, $x=4$.

一般に酸化還元反応の反応式は,直接,酸化と還元に関与する化学種だけでなく,無関係なイオンの数あわせもしなければならなくて手数が掛かることが多い.このようなとき,酸化および還元される物質内で酸化数の変化する原子を調べておくと,それらの変化から酸化剤と還元剤の物質量の比が分かるので,あと電荷を中和するために必要なイオンを加えておけば,自然に反応式が完成する.

例題 3.3 塩化スズ(II)がジクロム酸カリウムと塩酸で酸化される反応式を書け．

[解答] 塩化スズ(II)は塩化スズ(IV)に酸化されるので酸化数の変化は II．一方，ジクロム酸カリウム $K_2Cr_2O_7$ 中の Cr の酸化数は VI で（求め方は前問参照），還元されると $CrCl_3$ の III 価になり，酸化数は III だけ減るが，$K_2Cr_2O_7$ に Cr は 2 原子あるので，$SnCl_2$ 3 mol と $K_2Cr_2O_7$ 1 mol が反応すれば，過不足はなくなる．そこでそれぞれの化学種に必要な Cl を付け，HCl の係数を n とし，

$$3\,SnCl_2 + K_2Cr_2O_7 + n\,HCl \longrightarrow 3\,SnCl_4 + 2\,KCl + 2\,CrCl_3 + 7\,H_2O$$

とおいてみると，$n=14$ とすればよいことが分かる．

3.3 活性金属の性質と製造

学校で先生に見せてもらった実験のうち，一番印象に残ったのはと尋ねると，かなりの割合の人が「金属ナトリウムを水に投げ込むやつ」と答えるのではないか．ナトリウムは激しく水素を発生しながら融けて銀白の球となり，水面を走り回る．念の入った先生がこれをろ紙の上にすくい上げてしばらくすると，発熱のために着火して黄色い炎を出して燃え，酸化ナトリウムの透明な玉が残る．ドラマはそれだけで終わらない．最後に少し静かになって気を許していると，突然パーンと大きな音がして玉が破裂する．玉の中に残った金属が少量の水とともに閉じ込められ，中で反応を続けて水素圧が上がってついに破裂するのである．

原子はプラスを帯びた原子核とそれを取り巻く電子とが引き合ってできているが，金属の場合，少数の電子は原子核から離れて金属の中を自由に移動することができる．このような電子を自由電子という．ナトリウムの場合，1 個の電子を引き付ける力が特に弱いので，自由電子は金属に接触する物質に与えられ，同時にナトリウムは陽イオンとなって溶け出す傾向が強い．これをイオン化傾向という．たとえば水と接触するときは電子は水分子（H_2O），あるいはわずかに存在する水素イオン（H^+）に与えられて水素ガス（H_2）が発生す

る．そして最終的には水酸化物イオン（OH⁻）が生成し，その特性としてリトマスの青変などのアルカリ性を示す．

$$2\,Na + 2\,H_2O \longrightarrow 2\,Na^+ + H_2 + 2\,OH^-$$

リチウム（Li）という金属も水と反応して強いアルカリ性の水酸化リチウム（LiOH）を生成するが，反応はナトリウムほどは激しくなく，反応熱で金属が溶融することはない．一方，カリウム（K）と水との反応はナトリウムの場合より激しく，水に投入するだけで反応熱のために発火し，薄桃色の炎を上げて水上を走りまわる．しかしLi, Na, Kは水と反応して水素を発生し，強アルカリ性の1価の水酸化物を生成するという共通点があり，同様の性質を持ったRb, Cs, および放射性元素のFrとともにアルカリ金属元素と総称する．

例題3.4 0.250 gの不純な金属ナトリウムを100 mLの水と反応させたところ27℃，1 atmで123 mLの水素を発生した．金属ナトリウムの純度は何％か．

［解答］ 式（2.1）（p.16）に $p=1$, $V=0.123$, $R=0.082$, $T=273+27$ を代入すると，水素ガスの物質量として $n=0.005\,(mol)$ が得られる．したがって，$2\,Na + 2\,H_2O \longrightarrow 2\,NaOH + H_2$ の反応式から，金属ナトリウムは0.010 molすなわち0.230 gあった．その純度は（0.230/0.250）×100＝92［％］．

一方，Ca, Sr, Ba, Raの4元素はII価の陽イオンとなりやすく，水酸化物のアルカリ性が強い一方で，炭酸塩，リン酸塩などの溶解度が小さいなど，互いに似た化学的挙動を示し，古くからアルカリ土類金属元素と呼ばれてきた．土類というのは広く酸化物を指すのに使われてきた言葉で，アルカリ土類金属の水酸化物，炭酸塩，硝酸塩や多くの有機酸塩などを加熱するとき比較的安定な酸化物を生じることからきているのだろう．$Ca(OH)_2$ の溶解度は大きくないが，$Ba(OH)_2$ は適度の溶解度を示し，水溶液は CO_2 を吸収して定量的に $BaCO_3$ を沈殿することから，二酸化炭素の定量に利用できる（例題4.2参照）．

Baの原子量が大きくてX線吸収能が強いこと，硫酸塩の溶解度の小さいこ

と，価格がそれほど高くないことは，消化器系統の X 線撮影用の造影剤として硫酸バリウムが広く用いられる要因となっている．

Be と Mg も II 価の陽イオンとなり，反応性の強い金属であるが，上述の 4 元素とやや違った挙動を示し，アルカリ土類金属には入れないのが普通である．アルカリ金属，アルカリ土類金属，マグネシウム，アルミニウムなど，化学的活性が強い金属は，無水塩を融解し，電解して作るのが一般的である．たとえばナトリウムやカリウムは塩化物に無水塩化カルシウムを加えて融解したものを，黒鉛を陽極，鉄を陰極として電気分解して作られる．また金属マグネシウムは無水塩化マグネシウムに塩化ナトリウム，無水塩化カルシウムなどを加えたものの溶融電解で得られる（かって溶の字は水に溶かす意味に限られ，加熱して液体にするのは熔融と書いたが，熔の字が常用漢字から外され，融解が推奨された．しかし融解電解の語呂が悪いせいか，近頃は溶融電解の語が普通に見られる）．金属マグネシウムは他の活性の金属の無水塩化物と加熱して，その金属を遊離させるクロール法で広く使われる．溶融塩電解は塩を融解状態に保つための加熱の電力が電解のための電力を上まわり，また析出した金属が微粒状に分散したり，発生気体が極を覆って抵抗を高めるのを防ぐなど，高度の技術が要求される．

金属ナトリウムは最初水酸化ナトリウムの溶融電解で初めて作られたが，その後間もなく，無水炭酸ナトリウムを炭素粉末と鉄製レトルト中で強熱し，生

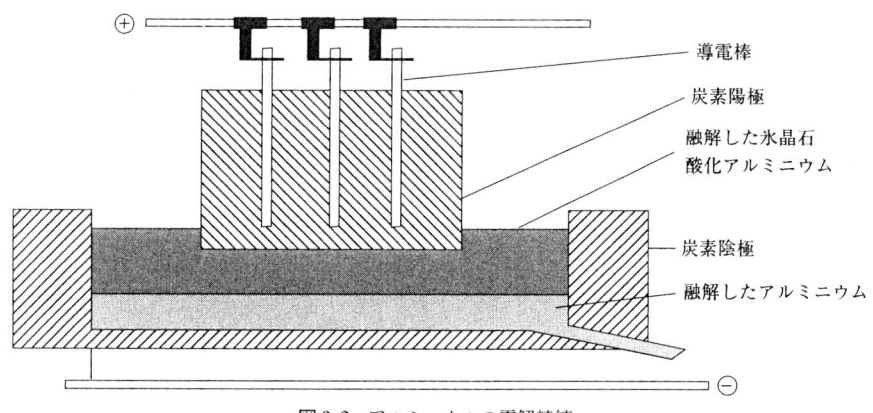

図 3.2 アルミニウムの電解精練

成したナトリウム蒸気を石油中に導いて冷却,析出させても得られることが見出された.この方法は現在使われていないが,化学的に活性なナトリウムが不活性な炭素によって追い出されるという点で,反応論的に興味がある.つまり,常温では化学反応はエネルギーの低い,つまり安定な方向に進むが,高温ではエネルギーは高くても,各原子の自由度が大きくて乱雑な方向に進み,この合成法はこのことを利用したことになる(本シリーズ 3,化学熱力学参照).

活性金属の製法で融解塩の電解以外に,酸化物をフェロシリコン(FeSi)と熱する方法,またユニークなものとして,セシウムやルビジウムのアジ化物 CsN_3,RbN_3 を加熱分解して金属を遊離させる方法がある.

ナポレオンとアルミニウム

アルミニウムの最初の分離は,1825 年,エルステッド(Oersted)によるが,初めて金属として使える程度に作ったのは,アメリカのホール(Hall)とフランスのエルー(Heroult)で,誕生日も同じといわれ,当時 23 才の青年だった彼らはまったく独立に,現在も使われる方法,つまり氷晶石(Na_3AlF_6)を融解したものに酸化アルミニウム(Al_2O_3)を溶かし,黒鉛(C)を陽極として電解する方法を考案した.この方法は間もなく工業化されたが,当時は銀器よりも高価であった.その不思議なまでの軽さにナポレオンはいたく感動し,愛用したと伝えられる(図 3.2).

●まとめ

(1) 1800 年,ボルタによる電池の発明により,電気化学が大きく発展した.

(2) 1808 年,デービーは溶融塩電解で,初めてナトリウムやカルシウムの金属を分離した.

(3) 1833 年,ファラデーの見出した法則によると,電気分解で物質 1 mol を析出させるのに必要な電気量は 1 F = 96487 C の整数倍である.

(4) 金属塩類の結晶は金属が電子を失ってできた陽イオンと非金属元素が電子を獲得してできた陰イオンとが規則的に配列してできている.

(5) 広い意味で,酸化とは原子,分子またはイオンが電子を失うこと,還元とは電子が与えられることである.

(6) 活性金属を作る方法としては，溶融電解のほか，高温でマグネシウムを反応させる方法，アジ化物を分解させる方法などがある．

問　題

3.1 硝酸銀水溶液の電解槽と硫酸銀水溶液の電解槽とを直列につないで電気分解を行うとき，それぞれの電解槽の陰極に析出する銀と銅の質量の比はいくらか．

3.2 次の同位体の原子核内の陽子と中性子の数はどれだけか（周期表を見てよい）．

$$^2H, \quad ^6Li, \quad ^{12}C, \quad ^{17}O, \quad ^{23}Na$$

3.3 リチウムに含まれる二つの同位体 ^6Li と ^7Li の相対質量を 6.015 および 7.015 とし，リチウムの原子量を 6.941 とするとき，天然のリチウム中の各同位体の原子数の百分率を求めよ（例題 2.4 参照）．

3.4 四塩化チタンを高温で金属マグネシウムで還元して金属チタンを作るときの反応を反応式で示せ．なお係数も正しく合わせること．

4. 酸と塩基，中和滴定

　酸と塩基の問題は，化学の中でも大きな比重を占める．その理由の一つに，酸と塩基の考え方が広範な問題にあてはまるように拡張されたことがある．ただし，本章ではまず出発点として，本来の狭い意味の酸性，アルカリ性の問題を基礎から，とくに中和滴定の応用と，典型的な無機酸の概観から話を始める．

4.1 酸，塩基の濃度

　酸は酸っぱいという味覚と関連し，探求の歴史は古い．ラボアジエ（Lavoisier）は酸の原因として酸素を考えたが，その後デイビー（Davy）やリービッヒ（Liebig）は金属で置き換わる水素原子の重要性を指摘した．そして電離説のアレニウス（Arrhenius）により，酸の特性は水素イオンに起因するとされた．たとえば $H_2SO_4 \rightarrow 2H^+ + SO_4^{2-}$，$2H^+ + Zn \rightarrow H_2 + Zn^{2+}$ などである．ただし水素イオンといっても水素原子から電子がとれてできる陽子は不安定で，現在，水素イオンというのは陽子が水分子と結合してできる水和イオンであるとされる．ただその組成についてははっきりしない点もあるので，簡単のため H^+ で表す．一方，アルカリ性は水和した水酸化物イオン OH^- に原因し，中和では H^+ と OH^- とが結合して水分子を生じる．

　酸やアルカリの標準溶液の濃度は普通**モル濃度**で表す．これは溶液 1 L 中に含まれる溶質の物質量で，単位は mol/L である．0.100 mol/L の水酸化ナトリウム溶液は 1 L 中に $(22.99+16.00+1.01)0.100=4.00[g]$ の NaOH を含

む．また 0.100 mol/L の塩酸溶液は 1 L 中に（1.01＋35.45）×0.100＝3.646 [g] の塩化水素（HCl）を含んでいる．そして同じモル濃度の溶液には体積あたり同じ数の OH^- と H^+ のイオンが含まれる．ところが 3.646 g の HCl を秤りとることは事実上不可能である．HCl は反応性の強い有毒ガスで，市販の 36% 程度の塩酸は，盛んにこの HCl ガスを出して発煙し，天秤を痛める．したがって濃塩酸を薄めて近似的な濃度の塩酸を作る場合にも，ピペットを用いて体積で測りとるのが普通で，このとき，もとの塩酸の濃度と密度から HCl の量を概算する．

例題 4.1 濃度 36%，密度 1.18 g/cm³ の塩酸を使って約 0.1 mol/L の塩酸 1 L を作るには，もとの塩酸はおよそ何 mL 必要か．

［解答］ もとの塩酸 1 mL の質量は 1.18 g で，その中に HCl は 1.18×0.36＝0.425 [g] 含まれる．これは 0.425/36.46＝0.01165 [mol] にあたる．0.1 mol/L の塩酸 1 L を作るには HCl が 0.1 mol 必要であるから，もとの塩酸の必要量は，0.1/0.01165＝8.58 [mL] である．

このようにして作られた塩酸溶液の濃度を決める最も直接的で正確な方法は，その一定量をとって，その中の塩化物イオンの量を求める方法である．それには必要量より少し多めの硝酸銀（$AgNO_3$）溶液を加えてよく混ぜ，沈殿した塩化銀を，あらかじめ乾燥して秤っておいたグラスフィルター（多孔性ガラス板ろ過器具，図 4.1）を通してろ過し，薄い硝酸とエタノールで洗ったの

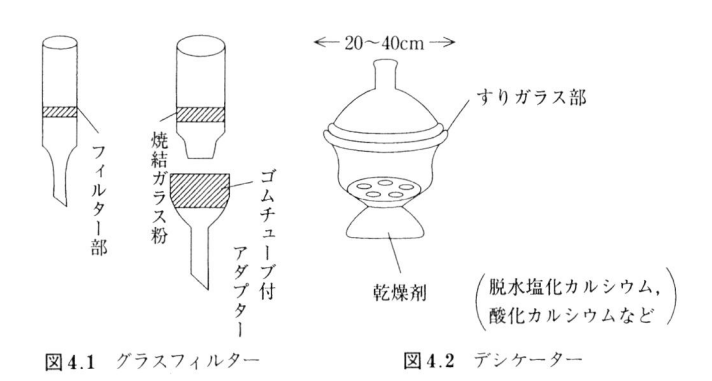

図 4.1 グラスフィルター　　図 4.2 デシケーター

ち，130℃程度で乾燥後，デシケーター（乾燥剤を入れたガラス製密閉容器，図4.2）の中で冷却後秤量し，グラスフィルターのみの質量を差し引いて，得られた塩化銀の量を求め，これからその中のCl^-の量，さらにそれからHClの物質量を計算する．

例題 4.2 希塩酸 10.00 mL をとり，硝酸銀溶液を少しずつに分けて，新しく沈殿ができなくなるまで加えた．生じた塩化銀をグラスフィルターでろ過して洗浄し，乾燥して秤ったところ，0.1504 g あった．塩酸のモル濃度を求めよ．

［解 答］ 0.1504 g の AgCl は $0.1504/(107.87+35.45) = 0.001049$ mol で，これは 10.00 mL，つまり 0.0100 L 中にあった HCl の物質量でもある．したがって希塩酸のモル濃度は，$0.001049/0.0100 = 0.1049 [mol/L]$ である．

4.2 中 和 滴 定

水酸化ナトリウムは空気中に放置すると，水分を吸収してその中に溶ける，いわゆる潮解性があり，また空気中の二酸化炭素を吸収して炭酸ナトリウムを生成するので，純粋な NaOH として秤量することは困難である．しかも HCl のように成分を重量分析で求めるのも簡単ではない．このようなとき**中和滴定**は濃度決定の唯一の，しかし強力な手段である．中和滴定では酸またはアルカリの一方の溶液の一定体積 V をビーカーにとって指示薬を加え，他方をビュレットから滴下していって液の色が変わった点を終点とし，そのときのビュレットの液の消費量 V' を読む．一方の溶液のモル濃度を c，価数を v とし，他方の溶液のモル濃度を c'，価数を v' とすると，体積が L 単位のとき酸の中の H^+，および塩基の中の OH^- の物質量は（価数）×（モル濃度）×（体積）であるから，

$$vcV = v'c'V' \tag{4.1}$$

となり，一方のモル濃度が未知の場合，計算で求められる．V が mL 単位の値のときは，両辺を 1000 で割った値が物質量になり，同じ形の式が成立する．

4.2 中和滴定

例題4.3 0.1049mol/Lの塩酸20.00mLをビーカーにとり，0.1%フェノールフタレインのエタノール溶液2滴を加えたのち，かき混ぜながらビュレットから濃度未知の水酸化ナトリウム水溶液を滴下したところ，20.17mLを加えたとき全体が淡赤色に着色した．水酸化ナトリウム溶液のモル濃度を求めよ．

［解答］　塩酸も水酸化ナトリウムも価数は1であるから，アルカリ溶液のモル濃度 c' は，$c' = cV/V' = 0.1049 \times 20.00/20.17 = 0.1040$ [mol/L]．

水酸化ナトリウムは空気中の二酸化炭素と反応して炭酸ナトリウムに変化しやすく，誤差の原因になる．これを防ぐため，0.1 mol/L 程度の溶液を作るには 50 g 程度の水酸化ナトリウムを 30 mL 程度の水と一緒にかき混ぜながら 10 分程度容器を水につけて冷却し，小ポリ瓶に入れて 2 日程度放置する．このようにしてできた水酸化ナトリウムの飽和溶液には，炭酸ナトリウムはほとんど溶けずに下に沈むから，全体積の 10 分の 1 程度（5～6 mL）の上澄みをとり，あらかじめ煮沸して二酸化炭素を追い出したのち冷却しておいた純水で薄めて約1Lとし，図4.3のようなビュレットを連結したポリ容器に入れておく．図のポリ瓶の左に付けたガラス管には，侵入する空気から二酸化炭素を除去する目的で水酸化ナトリウムと酸化カルシウムの混合物（ソーダ石灰）を充塡しておく．

図の右下に付けたビュレットの下部には小さなガラス製T字管がゴム管を通じてビュレット，水酸化ナトリウム液溜および出口と接続されている．これらのゴム管のうち左のものと下のものにはガラス玉が入れてあって，そのままでは液を通さないが，片側を指でつまむことによって液を通し，コックの役割をする．これはアルカリ溶液がガラスを侵すので，ガラス製のコックが使えないために，液の補充や滴定のと

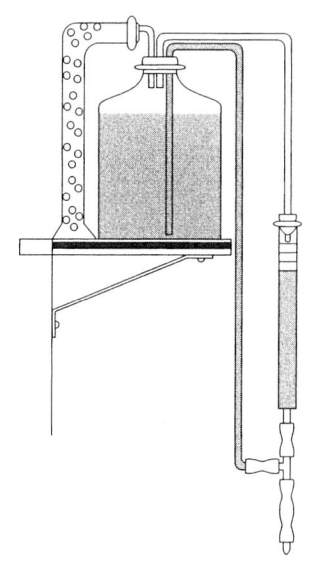

図4.3　標定用水酸化ナトリウム溶液保存容器

き利用される．

アルカリ水溶液の標定（滴定で濃度を決めること）には，上述のように濃度の分かった酸の一定体積をとって行う代わりに，正確に化学式通りの組成を持った酸を秤りとり，これを<u>適当な量の水</u>に溶かしてビーカーに入れ，濃度を決めたいアルカリ溶液で滴定することもよく行われる．この場合は酸の式量を M，価数を v，採取した質量を w とすると，V' が L 単位のときは

$$\frac{vw}{M} = v'c'V' \tag{4.2}$$

また V' が mL 単位の値のときは，

$$\frac{vw}{M} = \frac{v'c'V'}{1000} \tag{4.3}$$

$$c' = \frac{1000\,vw}{Mv'V'} \tag{4.4}$$

となる．

例題 4.4 式 (4.2) および式 (4.3) の理由を考えよ．

［解答］ 式量 M の酸の w g の物質量は w/M mol で，その中に vw/M mol の水素イオンが含まれる．右辺は前の例と同様アルカリの物質量で，中和点では両方は等しくなければならない．

例題 4.5 高純度のシュウ酸（$H_2C_2O_4 \cdot 2\,H_2O$，式量＝126.06）0.1243 g を秤りとり，適量の水に溶かしてフェノールフタレイン指示薬を加えたのち，ビュレットから水酸化ナトリウム水溶液を滴下したところ，19.92 mL を加えたところで淡いピンク色になった．水酸化ナトリウムのモル濃度はどれだけか．

［解答］ 式 (4.1) から $c' = 1000 \times 2 \times 0.1243/(126.06 \times 19.92) = 0.0990$ [mol/L]

例題 4.6 27℃，1 atm で室内の空気 1 L を採取し，0.0010 mol/L の水酸化バリウム水溶液 100 mL と密閉容器中で振りまぜたのち静置，生成した炭酸バリウムの沈殿をろ過し，ろ液から 50 mL をとってフェノールフタレインのエタノール溶液を加えて 0.0010 mol/L の塩酸で滴定したところ，92.5 mL で中和された．採取した空気中には体積で何％の二酸化炭素が含まれていたか．

［解答］ 炭酸バリウムをろ過後，滴定された水酸化バリウム溶液の濃度を c

とすると，$2 \times c \times 50 = 0.0010 \times 92.5$ から，$c = 0.000925$ mol/L．この溶液 100 mL 中の $Ba(OH)_2$ の物質量は 0.0000925 mol．最初の溶液 100 mL 中には 0.0001 mol あったから，差 0.0000075 mol は等モルの CO_2 と結合したことになる．すなわち，$Ba(OH)_2 + CO_2 \rightarrow BaCO_3 + H_2O$．一方 27℃，1 atm の空気 1 L は $n = 1 \times 1/(0.082 \times 300) = 0.04065$ mol．したがって CO_2 のモル％は，$(0.0000075/0.04065) \times 100 = 0.01845$％ で，これは体積％でもある．

4.3 オキソ酸，水酸化物，「水素酸」およびハロゲン

フッ素，酸素，および大部分の希ガスを除く非金属元素の酸化物は水と結合して酸を生ずる．たとえば $CO_2 + H_2O \rightarrow H_2CO_3$（炭酸），$N_2O_5 + H_2O \rightarrow 2 HNO_3$（硝酸），$SO_3 + H_2O \rightarrow H_2SO_4$（硫酸），$P_4O_{10} + 3 H_2O \rightarrow 2 H_3PO_4$（リン酸）．これらの酸では，分子の中で非金属原子と酸素原子との間に直接結合があり，一般に**オキソ酸**（oxyacid）という．このため酸素はかって酸の原因物質と考えられ，酸素の名が付いたことは先に述べた．しかし一方ではアルカリ金属，アルカリ土類金属の酸化物は水と結合して塩基を生ずることを忘れてはならない．たとえば，$CaO + H_2O = Ca(OH)_2$．また金属元素の酸化物や水酸化物には，酸にもアルカリ水溶液にも溶ける，いわゆる両性のものもある．たとえば，

$$Al(OH)_3 + 3 HCl \rightarrow AlCl_3 + 3 H_2O \tag{4.5}$$

$$Al(OH)_3 + NaOH \rightarrow NaAl(OH)_4 \tag{4.6}$$

このことから，オキソ酸と水酸化物とは切り離せない関係にあることが分かる．表 4.1 に金属から非金属にわたる比較的原子番号の小さい元素の最高酸化数の水酸化物またはオキソ酸の化学式を示す．

表 4.1 水酸化物とオキソ酸

I	II	III	IV	V	VI	VII
LiOH	$Be(OH)_2$	$HB(OH)_4$	H_2CO_3	HNO_3		
NaOH	$Mg(OH)_2$	$Al(OH)_3$	$SiO_2 \cdot nH_2O$	H_3PO_4	H_2SO_4	$HClO_4$

例題 4.7 表 4.1 の中のオキソ酸の分子式は，元素がとれる最高酸化数の水酸化物の分子式から何分子かの水を差し引いた形になっていることを示せ．

[解答] たとえば，$S(OH)_6 - 2H_2O = H_2SO_4$．ほかについても実際に試してみよ．

水和酸化物が酸になるか塩基になるかは，その元素が電子をどれだけ強く引き付けるかによって決まると考えてよい．その前提として，次章で説明するように，それぞれの原子同士はその間にある電子対の共有によって結合していると考える（共有結合）．ところで OH の酸素原子と結合している相手の原子が電子対を強く引き付ける傾向があると，それにつれて O と H の間にある電子対もそちらの方に引っぱられ，OH 間の共有結合は弱くなって H は O の側に電子を残して陽イオンとして解離し，酸性を呈する．一方，中心原子が電子対をそれほどで強く引き付けなければ，OH は電子対を持って OH^- として電離し，アルカリ性を呈する．両性水酸化物の場合はその中間にあると見てよい．重金属元素の中には，種々の酸化数の酸化物を作るものもあり，高酸化数のものには，V_2O_5 や CrO_3 のように明確な酸性酸化物も少なくない．

諸君は今までに挙げた酸の中に極めて一般的な塩酸がないことに気付かれたろう．塩酸は塩化水素（HCl）という気体物質を水に溶かして得られ，普通 35% 程度の水溶液が「濃塩酸」として売られていて，一般家庭でもトイレの掃除などに使われることがある．塩化水素の分子は酸素原子を含んでおらず，「酸素が酸の生成に不可欠」との考え方を否定するきっかけになった化合物でもある．欧米の命名法では元素名の語幹に酸を付けた言葉はもっぱらオキソ酸に使われ，HCl はその通則から外れるので，たとえば英語では hydrochloric acid と呼ばれ，これを直訳すると塩化水素酸になるはずである．しかしわが国では長年の習慣からこれを塩酸と呼んでいる．一方ではこれと同様の形式の HF，HBr，HI の水溶液は，フッ化水素酸，臭化水素酸，ヨウ化水素酸と呼び，これらはたとえば英語の hydrofluoric acid などに対応し，フッ酸，臭酸，ヨウ酸とはいわない（フッ酸だけは工業関係の俗称として使われることがある）．この意味で塩酸の名称だけは明らかに不統一であるが，広く知られてきた物質に対し長年使われてきた名前を変更すると混乱を起こすとの配慮からと

思われる.

HClなどの水溶液は極めて強い酸で，ほとんど完全に H^+ と Cl^- に電離している．一方，その成分元素である塩素の単体 Cl_2 は黄色の極めて酸化力の強い気体で，多くの金属単体と反応してその塩類である塩化物を生成する．たとえば，

$$2\,Na + Cl_2 \longrightarrow 2\,NaCl \qquad (4.7)$$

$$Cu + Cl_2 \longrightarrow CuCl_2 \qquad (4.8)$$

このため，塩素ならびに強い酸化力をもった単体の F_2, Br_2, I_2 を生じるフッ素，臭素，ヨウ素などをまとめてハロゲンあるいはハロゲン元素と呼ぶ．ハロは塩，ゲンは生成あるいは原料を意味し，古くは造塩元素と訳されたこともある． F_2 も淡黄色の気体で反応性は Cl_2 よりもさらに強いが HF の酸性は塩酸よりは弱い．HF の特異性は，酸化ケイ素（石英）やこれを成分とするガラスと反応してこれを溶かすことで，これについては後の 7.3 節に述べる．臭素の単体は褐色の液体で，塩素に似た酸化力を示すが反応性は塩素よりやや穏やかである．臭素は有機化学で試薬として広く使われる．ヨウ素は黒色結晶性固体で固体から直接紫色の蒸気を出し，濃厚な蒸気からは固体のヨウ素が析出する．このような現象を**昇華**（sublimation）という．ヨウ素の酸化力は臭素よりさらに弱い．ヨウ素の特異な反応にヨウ素デンプン反応がある．これはデンプンの構造の中にヨウ素分子が取り込まれて濃青色を呈する反応で，極めて鋭敏である．

●まとめ

(1) アレニウスの酸・塩基の理論では，酸とは水素イオンを生じる物質，塩基とは水酸化物イオンを生じる物質である．

(2) 水溶液中の水素イオンとは陽子（またはその同位体）が水分子と結合したものであるが，簡単のため H^+ と書くことが多い．水酸化物イオンも普通 OH^- と書くがその水和イオンである．

(3) 酸や塩基の正確な秤量が可能なときは，その一定量を溶かして一定体積に薄めれば，濃度は自然に求まるが，これができないときは，一定体積

の溶液をとって特定成分の沈殿，秤量で求めるか，中和滴定で求める．

(4) 中和滴定で，酸，アルカリの一方の溶液のモル濃度が c，価数が v，体積が V で，他方の溶液のモル濃度が c'，価数が v'，体積が V' のとき，

$$vcV = v'c'V' \tag{4.1}$$

が成り立つ．

(5) 非金属 R の最高酸化数 v の酸素酸は酸化物 R_2O_v の水和物で，仮想的な水酸化物 $R(OH)_v$ から何分子かの H_2O を差し引いた形の分子式をもつ．

(6) 酸化物の水和物が酸性かアルカリ性かは，中心元素が電子を引き付ける傾向の強さによる．

(7) フッ素，塩素，臭素，ヨウ素の単体は酸化性が強く，多くの金属と反応して塩類を作り，ハロゲン（造塩元素の意味）と呼ばれる．それらの水素化合物は強い酸である（フッ化水素は中程度の酸）．

問　題

4.1 市販の濃硝酸は約 63.6% の HNO_3 を含み，密度は $1.40\,\mathrm{g/cm^3}$ である．およそのモル濃度を求めよ．

4.2 約 95% の H_2SO_4 を含み，密度が $1.84\,\mathrm{g/cm^3}$ の市販の濃硫酸 $5.0\,\mathrm{mL}$ をとって $1\,\mathrm{L}$ にするとき，得られる希硫酸のおよそのモル濃度を計算せよ．

4.3 27℃，1 atm で $246\,\mathrm{L}$ の塩化水素を水に溶かして $1\,\mathrm{L}$ にするとき，得られる塩酸の濃度はおよそ何 mol/L か．

4.4 窒素を含む有機化合物 $59\,\mathrm{mg}$ を秤りとって硫酸および分解触媒として硫酸銅(II)および沸点上昇用の硫酸カリウムを加えて加熱し，窒素の全量を硫酸アンモニウム（$(NH_4)_2SO_4$）に変えた．全体を水で薄めたあと，十分量の水酸化ナトリウムを加えて硫酸アンモニウムを分解し，加熱して発生するアンモニアおよび水蒸気を $0.100\,\mathrm{mol/L}$ の塩酸 $40.0\,\mathrm{mL}$ に吸収させ，アンモニアを塩化アンモニウム（NH_4Cl）として捕捉した．得られた溶液中にアンモニアと反応せずに残っている HCl を $0.100\,\mathrm{mol/L}$ の水酸化ナトリウム溶液で滴定したところ，中和に $30.0\,\mathrm{mL}$ を要した．化合物中の窒素の含有%を求めよ（コメント：操作が多くて難しい印象を受けるが，

古くから生体試料中の窒素の分析にも広く使われてきたケルダール法というもので，一つ一つは単純な酸とアルカリの中和反応なので，根気よく解いてほしい．このように余分の酸と反応させて残った酸を測る滴定法を逆滴定といい，使った酸の H^+ の物質量から中和に要したアルカリの OH^- の物質量を引いたものがアンモニアおよび含有窒素の物質量に等しいことに注意する）．

5. 酸・塩基と陽子の授受

　第4章では酸，塩基の反応のうち，中和のように正確に計算通りに起こる問題だけを取り扱った．しかし実際には酸や塩基でも完全には電離しないようなものが少なくない．今回はそのような点から話を始める．

5.1 酸の電離平衡

　1価の酸HRが電離していわゆる水素イオンH^+と陰イオンR^-を生じる反応，

$$HR \longrightarrow H^+ + R^- \tag{5.1}$$

で生じたH^+とR^-とは再び結合して遊離の酸HRを生ずる逆反応も起こり，このような反応を**可逆反応**（reversible reaction）という．両反応とも極めて速いので瞬間的に釣り合い，これらは**平衡**（equilibrium）にあるという．libraは天秤で，平衡の衡も天秤だから，両方とも釣り合う意味からきている．
　平衡状態でそれぞれの濃度を，[HR]，$[H^+]$，$[R^-]$（[HR]は電離せずに残っている酸の濃度）で表すと，各濃度の間に次の関係が成り立つ．

$$\frac{[H^+][R^-]}{[HR]} = K_A \tag{5.2}$$

　K_Aを平衡定数と呼び，温度のみの関数である．これを**質量作用の法則**という．ただし分母には反応式の左辺の「反応物質」，分子には右辺の「生成物質」の濃度の積をおき，n塩基酸のときのように特定の化学種がn個できるとき

はその濃度の n 乗をおく．この式は化学熱力学，あるいは反応速度の考察から導かれ，詳細は本シリーズ「化学熱力学」などを参照いただくとして，ここではその結果の意味だけを考えてみる．たとえば全体の酸の濃度を増やしたり，外部から他の種類の強い酸を加えたりして水素イオンを増加しようとすると，反応は左辺に移動してその増加は緩和され，K_A は一定に保たれる．このように「一般に化学平衡が成り立っているとき，外から濃度，圧力，温度などに変化を与えようとすると，その変化を緩和する方向に化学平衡は移動する」，これを**ルシャトリエ**（Le Chatelier）**の原理**，またはルシャトリエの平衡移動の法則という．

上のような電離反応の平衡定数をとくに電離定数という．質量作用の法則を使うと電離度 α と濃度との関係が求められる．今，c mol の酸 HR を水に溶かして全体を 1 L にすると，$[H^+]=[R^-]=c\alpha$，$[HR]=c(1-\alpha)$ であるから，$c^2\alpha^2/c(1-\alpha)=K_A$ から，$c\alpha^2+K_A\alpha-K_A=0$．これが濃度 c と電離度 α

表 5.1 酢酸の濃度 c と電離度 α の関係

c	0.0005	0.001	0.005	0.025	0.05	0.1
α	0.187	0.132	0.059	0.026	0.019	0.013

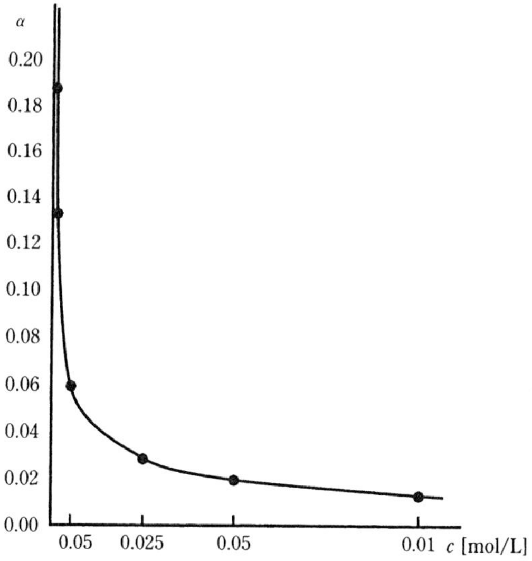

図 5.1 酢酸の電離度 α の濃度 c による変化

の関係を表す式である．酸が弱いとき，$1-\alpha$ を近似的に 1 に等しいとみなすと，

$$c\alpha^2 = K_A$$
$$\therefore \quad \alpha = \frac{\sqrt{K_A}}{c} \qquad (5.3)$$

例題 5.1 酢酸の電離定数は 25℃ で 1.75×10^{-5} である．モル濃度 $c=0.0005,\ 0.001,\ 0.005,\ 0.025,\ 0.05,\ 0.1$ で α の値を求め，作図せよ．

［解答］ 式 (5.3) に代入するだけの問題で，平方根付き電卓では $1.75\div100000\div c=\sqrt{}$ とすればよい．結果は表 5.1 と，図 5.1 のようになる．

5.2 水の電離と pH

先の第 4 章の説明では，中和の際に等しい物質量の $[H^+]$ と $[OH^-]$ とが反応して H_2O を生じると述べた．それでは完全に等しい物質量の強酸と強塩基を含む溶液を混ぜると，$[H^+]$ も $[OH^-]$ もなくなってしまうのだろうか？ 実はこれらのイオンは水分子と，$H_2O \rightarrow [H^+]+[OH^-]$ のような反応で平衡状態にあり，質量作用の法則 $[H^+][OH^-]/[H_2O]=K$ が成立する．$[H_2O]K=K_W$ とおくと，$[H^+][OH^-]=K_W$ となる．K_W を水のイオン積といい，その値は 25℃ で約 $10^{-14}\,\text{mol}^2/\text{L}^2$ である．完全な中性では $[H^+]=[OH^-]=10^{-7}\,\text{mol/L}$ となる．アルカリ性でも $[H^+]$ は 0 ではなく，$1\,\text{mol/L}$ の強アルカリの水溶液中でも $10^{-14}\,\text{mol/L}$ の濃度で存在することになる．水素イオンの濃度はこのように極めて広い範囲にわたるので，酸性，アルカリ性の尺度として，水素イオンのモル濃度の常用対数の符号を変えた $-\log_{10}[H^+]$ を水素イオン指数といい，pH で表す．単位のある量の対数をとることはできないので，この式の中の $[H^+]$ は数値を意味するものとする．中性溶液の pH は 7 で，$1\,\text{mol/L}$ の強酸溶液の pH は 0，また強アルカリの $1\,\text{mol/L}$ 溶液の pH は 14 である．

例題 5.2 次の物質の $0.01\,\text{mol/L}$ 溶液の pH を概算せよ．

a) HCl,　　b) NaOH,　　c) NH_3 ($K_B = 1.79 \times 10^{-5}$),　　d) CH_3COOH

[解答] a) 塩酸はほとんど完全に電離しているから，$[H^+] \fallingdotseq 0.01$.
∴ $pH \fallingdotseq 2$.

b) 水酸化ナトリウムも同様だから，$[OH^-] \fallingdotseq 0.01$，$[H^+] \fallingdotseq 10^{-12}$.
∴ $pH \fallingdotseq 12$.

c) アンモニアが電離するとほぼ同量の NH_4^+ と OH^- を生ずるから，$[NH_4^+] = [OH^-] = x$，しかし電離度は小さいから $[NH_3] = 0.01$ と見てよい．質量作用の法則により，$x^2/0.01 = 1.79 \times 10^{-5}$，$x^2 = 17.9 \times 10^{-8}$，$x = 4.23 \times 10^{-4}$．∴ $[H^+] = 10^{-14}/(4.23 \times 10^{-4})$，　$pH = 14 + \log_{10} 4.23 - 4 \fallingdotseq 10.6$.

d) 酢酸が電離するとほぼ同量の H^+ と CH_3COO^- を生ずるから，$[H^+] = [CH_3COO^-] = x$．しかし電離度は小さいから $[CH_3COOH] = 0.01$ と見てよい．質量作用の法則により，$x^2/0.01 = 1.75 \times 10^{-5}$，$x^2 = 17.5 \times 10^{-8}$，$x = $

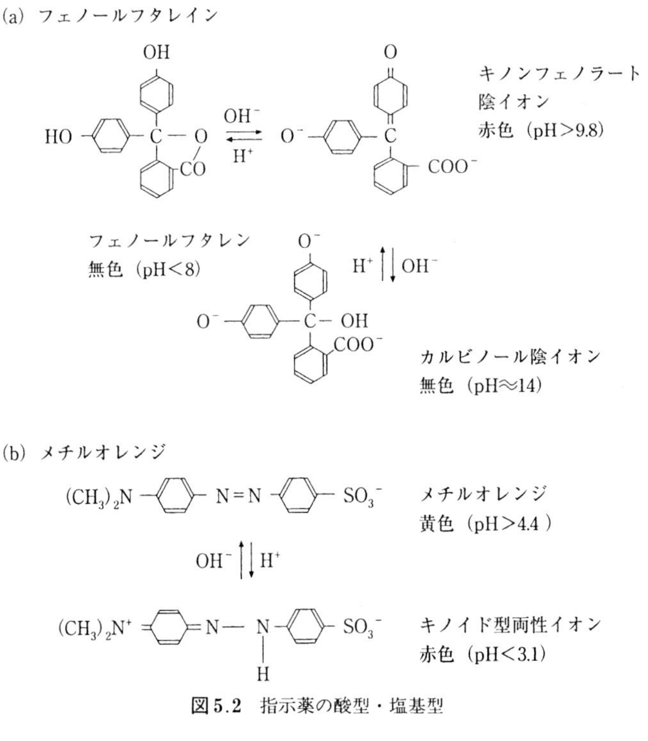

図 5.2 指示薬の酸型・塩基型

(a) HCl ＋NaOH　　　　　(P) フェノールフタレイン変色域
(b) CH₃COOH ＋NaOH　 (M) メチルオレンジ変色域

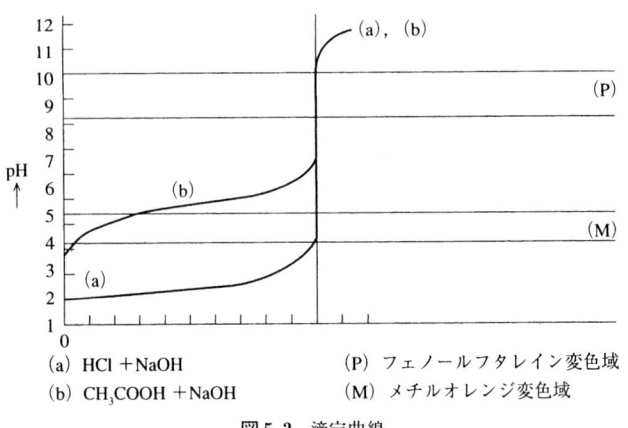

図5.3　滴定曲線

$[H^+] = 4.18 \times 10^{-4}$,　　$pH = 4 - \log_{10} 4.18 ≒ 3.4$.

　中和滴定の指示薬は次節で述べる共役の酸・塩基として働き，酸型と塩基型とが違った色を示す物質で，例としてフェノールフタレインとメチルオレンジについての構造式を，変化を起こすpH領域とともに図5.2に示す．
　水1Lは約1000gで，これは1000/18＝55[mol]である．中性の水には10^{-7} mol の H^+ があるから，水の電離度は $10^{-7}/55 = 1.8 \times 10^{-9}$ になる．
　酸の水溶液をアルカリ水溶液で滴定する場合，溶液のpHは図5.3のように変化する．これらを**滴定曲線**という．(a)は強酸を強アルカリで滴定する場合，(b)は酢酸のような弱酸を強アルカリで滴定する場合である．
　強酸と強アルカリの滴定では中和点付近でpHの広い幅の変化が起こるので，どのような指示薬を使っても目的を達することができるが，酢酸のような弱酸を強アルカリで滴定する場合は中和点のpHはややアルカリ性側にくるので，変色点がアルカリ側にあるフェノールフタレインなどがよく，アンモニアなどの弱塩基の強酸による滴定ではメチルオレンジやメチルレッドが適している．
　生物体の中でいろいろの機能が維持されるためには，極端に酸性やアルカリ性に偏らないことが望ましく，その役割を弱酸である炭酸，リン酸，種々の有機酸とその塩類，それにアミノ酸などが果たしている．たとえば図5.3の曲線

(b)から分かるように，酢酸と酢酸ナトリウムが共存する中和点から左の領域では，pH 曲線は水平に近く，少量の酸やアルカリの添加によって pH があまり変動しないことを示している．このような混合溶液を緩衝溶液という．

c_A mol の酢酸と c_S mol の酢酸ナトリウムを水に溶かして 1 L にすると，酢酸ナトリウムはほとんど完全に電離する一方で，このとき生じた酢酸イオンのために酢酸の電離は抑えられ，加えた酢酸の大部分は遊離の酸として溶けていると考えてよい．すなわち，$[CH_3COO^-] \fallingdotseq c_S$，$[CH_3COOH] \fallingdotseq c_A$ だから，式 (5.2) に代入すると，

$$[H^+] \fallingdotseq \frac{K_A c_A}{c_S} \tag{5.4}$$

すなわち水素イオン濃度は弱酸と弱酸塩のモル濃度の比で決まり，全体を薄めても変わらない．さらに 1 L あたり δ mol の強酸を加えると，

$$[H^+] \fallingdotseq \frac{K_A (c_A + \delta)}{c_S - \delta} \tag{5.5}$$

となり，c_A や c_S に比べて δ が小さければ，$[H^+]$ の変化はわずかである．

例題 5.3 pH 4 の緩衝溶液を作るには，酢酸と酢酸ナトリウムをどの割合に溶かせばよいか．ただし酢酸の電離定数 K は 25℃ で 1.75×10^{-5} である．

[解答] 酢酸の濃度を c_A，酢酸ナトリウムの濃度を c_S とすると，式 (5.4) から，

$$[H^+] \fallingdotseq \frac{K_A c_A}{c_S} = 1.75 \times 10^{-5} \times \frac{c_A}{c_S} = 10^{-4}.$$

$$\therefore \quad \frac{c_A}{c_S} = \frac{10^{-4}}{1.75 \times 10^{-5}} = 5.7.$$

例題 5.4 酢酸 1 mol と塩酸 1 mol を溶かして 1 L にするとき，酢酸の電離度 α はいくらか（ヒント：$\alpha = [CH_3COO^-]/[CH_3COOH]$ で，$[CH_3COOH] \fallingdotseq 1$，$[H^+] \fallingdotseq 1$）．

[解答] $\dfrac{[H^+][CH_3COO^-]}{[CH_3COOH]} = K_A = 1.75 \times 10^{-5}$,

$$\alpha = \frac{[CH_3COO^-]}{[CH_3COOH]} = \frac{K_A}{[H^+]} = 1.75 \times 10^{-5}.$$

ここで扱っているような化学平衡の問題では温度，圧力などの条件が大きく影響し，一方，温度等の測定もそれほど正確なものではないので，測定値の精度はあまり高くはなく，滴定など化学分析のときのような，桁数の多い計算をしても無意味だということを認識しておかねばならない．

5.3 ブレンステッドの酸・塩基の共役関係

硫酸にアンモニアを吸収させると硫酸アンモニウムができる．2.2節で述べたアレニウス説では水素イオン（H^+）と水酸化物イオン（OH^-）を酸・塩基の主役とししたが，OH^-がなくても塩はできるではないか？ 確かにアルカリ性はOH^-の特性であるが，酸と反応して塩を作る文字通り塩類のベースとなる「塩基」はほかにもあるはずだということで，その特徴を探してみると，たとえばアンモニア（NH_3）のように陽子を受け取ってこれと結合する（NH_3はNH_4^+になる）性質がある．そこでブレンステッド（Brønsted）とローリ（Lowry）は独立に，酸は陽子（プロトン，proton）の供与体，塩基は陽子の受容体で，中和とは陽子の授受であると考えた．塩基が陽子と結合してできたものは，獲得した陽子を再び放出する傾向があり，広い意味の酸といえる．

この場合，酸と塩基とは，陽子を持つ方と持たない方という，互いの相対的な関係で決められるのであって，そのもの自身が水溶液中で酸性かアルカリ性かということで決めるのではない．ある分子やイオンと，それがプロトンと結合してできたものとは互いに共役の関係にあるという．たとえば，アンモニア（NH_3）とアンモニウムイオン（NH_4^+）とは互いに共役で，NH_4^+をNH_3の共役酸，NH_3をNH_4^+の共役塩基という．一方，酢酸（CH_3COOH）が電離したときできる酢酸イオン（CH_3COO^-）は酢酸の共役塩基で，酢酸自身は酢酸イオンの共役酸と，通常の塩基の感覚とはやや違ってくる．極端な例では$H_2PO_4^-$はリン酸（H_3PO_4）の共役塩基であると同時にHPO_4^{2-}の共役酸であり，HPO_4^{2-}は$H_2PO_4^-$の共役塩基であると同時にPO_4^{3-}の共役酸と，つねに相手との関係で決められる．

ブレンステッドの酸を電荷も含めてAで，その共役塩基をBで表すと，A＝BHで，酸解離の反応式はA $\longrightarrow$ H^+＋Bとなり，

5.3 ブレンステッドの酸・塩基の共役関係

$$\frac{[\mathrm{B}][\mathrm{H}^+]}{[\mathrm{A}]} = K_\mathrm{A} \tag{5.6}$$

塩基の電離反応 $\mathrm{B} + \mathrm{H_2O} \rightarrow \mathrm{A} + \mathrm{OH}^-$ については,

$$\frac{[\mathrm{A}][\mathrm{OH}^-]}{[\mathrm{B}][\mathrm{H_2O}]} = K \tag{5.7}$$

となり, $[\mathrm{H_2O}]K$ を K_B とおくと

$$\frac{[\mathrm{A}][\mathrm{OH}^-]}{[\mathrm{B}]} = K_\mathrm{B} \tag{5.8}$$

これらから,

$$K_\mathrm{A} K_\mathrm{B} = [\mathrm{H}^+][\mathrm{OH}^-] = K_\mathrm{W} = 10^{-14} \tag{5.9}$$

ここで K_W は水のイオン積である. pH の場合と同様に, 10 を底とする対数の符号を変えたものを $\mathrm{p}K_\mathrm{A}$, $\mathrm{p}K_\mathrm{B}$, $\mathrm{p}K_\mathrm{W}$ などの記号で表す. $\mathrm{p}K_\mathrm{A}$, $\mathrm{p}K_\mathrm{B}$ が小さいほど酸, 塩基は強い. これらを用いると,

$$\mathrm{p}K_\mathrm{A} + \mathrm{p}K_\mathrm{B} = \mathrm{p}K_\mathrm{W} = 14 \tag{5.10}$$

が得られ, これから<u>酸が強いほどその共役塩基は弱く, 酸が弱いほどその共役塩基は強いこと, そして酸の $\mathrm{p}K_\mathrm{A}$ が決まればその共役塩基の $\mathrm{p}K_\mathrm{B}$ は決まってしまう</u>ことがわかる.

アルカリとは？

[質問] 教科書に赤いリトマス試験紙を青くすることをアルカリ性または塩基性というとあるから, アルカリと塩基とは同じと考えていいのですか？

[答え] 名称というのは多くの人が使えば認められる傾向があり, 不統一な点も多い. 塩基性とアルカリ性は水溶液の反応に関しては同じ意味であるが, 反面アルカリ性を示さない金属化合物でも, 酸基のほかに OH があるだけで塩基性塩と呼び, アルカリ性塩とはいわない. 一方で「アルカリ」を「アルカリ金属の」という意味に使うことがある. ハロゲン化アルカリなどはその例で, これをハロゲン化塩基などとはもちろんいわない. アルカリはもともと the ash の意味のアラビア語で, 英語の potash はその訳語からきたのだろう.

例題 5.5 次の分子またはイオンの共役酸の示性式を記せ.
　a) $C_6H_5NH_2$,　b) $^+NH_3CH_2COO^-$,　c) NH_2^-,　d) HCO_3^-
[解答]　a) $C_6H_5NH_3^+$,　b) $^+NH_3CH_2COOH$,　c) NH_3,
d) H_2CO_3

いろいろな酸と塩基のpKを表5.2に示す.

表5.2　弱酸と弱塩基のpK (25℃)

酸	分子式		pK_A	塩基	分子式	pK_B
ギ酸	HCOOH		3.45	ジメチルアミン	$(CH_3)_2NH$	3.29
安息香酸	C_6H_5COOH		4.20	メチルアミン	CH_3NH_2	3.36
酢酸	CH_3COOH		4.76	トリメチルアミン	$(CH_3)_3N$	4.28
シアン化水素	HCN		9.14	アンモニア	NH_3	4.75
炭酸	H_2CO_3	pK_1	6.37	アニリン	$C_6H_5NH_2$	9.42
		pK_2	10.25			
硫化水素	H_2S	pK_1	6.96			
		pK_2	14.0			
リン酸	H_3PO_4	pK_1	2.12			
		pK_2	7.21			
		pK_3	12.32			

── ●まとめ ──

(1) 酸を水に溶かすと，水素イオンと酸陰イオンとに電離し，一方生成した両イオンが会合してもとの酸になる反応との間で平衡が成り立つ．

(2) 酸解離平衡が成り立っているとき，各イオンと未解離の酸の濃度に関し，$[H^+][R^-]/[HR]=K_A$ のような質量作用の法則が成り立つ．

(3) 水自身も $[H^+]$ と $[OH^-]$ とに電離し，$[H^+][OH^-]=K_W$ が成り立つ．25℃で K_W の値は約 10^{-14} である．

(4) 酸性塩基性を表す $pH=-\log_{10}[H^+]$ は<7が酸性，>7が塩基性である．

(5) 弱酸と弱酸塩，または弱塩基とその塩を含む溶液は緩衝作用があり，少量の強酸，強アルカリを加えてもpHに大きな変化がない．

(6) ブレンステッドの考え方では酸とは陽子の供与体，塩基とは陽子の受容体である．酸基陰イオンはその酸の共役塩基，塩基がプロトン付加した陽イオンはその塩基の共役酸で，共役の酸，塩基の K_A と K_B との間には

$K_A K_B = K_W = 10^{-14}$ の関係がある．

問　題

以下，温度は 25℃，酢酸の K_A は 1.75×10^{-5}，アンモニアの K_B は 1.79×10^{-5} とする．

5.1 酢酸と酢酸ナトリウムを 1 mol ずつ一緒に水に溶かして 1 L にするとき，得られる溶液の pH を求めよ（ヒント：式 (5.4) と pH の定義）．

5.2 酢酸イオン（CH_3COO^-）の塩基としての K_B，およびアンモニウムイオン（NH_4^+）の酸としての K_A を求めよ．

5.3 pH 9 の緩衝溶液を作るには，溶かすアンモニアとアンモニウム塩の比をどれだけにすればよいか．

6. 元素の周期律と陰性，陽性

　一口に元素といっても，アルカリ金属など化学的に活性の金属から，金のように侵されない金属単体を作るもの，さらに塩素や酸素のように反応性の気体単体を作るものまで，多種多様である．これらは一見雑多なように見えるが，これらを原子量の順に並べてみると，規則的な繰り返しがあることが19世紀後半，フランス，イギリス，ドイツ，ロシアの化学者により見出された．

6.1　元素の周期律と原子の殻構造

　元素の概念が確立され，それらの化学的挙動が詳しく調べられるにつれ，多数の元素の中には互いによく似たものがあることが分かってきた．すなわち，1817年にデベライナー（Döbereiner）はCa, Sr, Baの3元素が極めてよく似た化学的性質を示すことを確かめ，しかもそれらの原子量がほぼ等差数列をなすことを知り，これらを「三つ組元素」と呼んだ．これらは現在，アルカリ土類元素と呼ばれるグループである（3.3節参照）．さらに1829年，彼はCl, Br, I（現在のハロゲン）およびLi, Na, K（現在のアルカリ金属元素）についても同様の関係を指摘し，三つ組元素に加えた．このほか，原子量の近接したいわゆる鉄族の，Fe, Co, Niおよび白金族のOs, Ir, Ptについても相互の類似性を指摘した．

　これをきっかけとして元素の性質と原子量の関係が調べられ，元素を原子量の順に並べると，それらの性質は移り変わっていくが，また同じような性質のものが繰り返して現れることが，ド・シャンクルトワ（De Chancourtois）と

ニュウランズ（Newlands）によって指摘されたが，当時はあまり注目されなかった．その後，間もなく，マイヤー（Meyer）が主として単体の物理的性質について，メンデレエフ（Mendeleev）が主として化学的性質についての周期性を指摘した．メンデレエフは当時知られていた元素に限定せず，将来発見されるべき元素のための場所を設け，その元素の性質についての予想を行なったが，その予想に不気味なほどよく適合する元素が間もなく相次いで発見された．また原子量の順に過度に固執せず，隣同士でこの順に矛盾を生じたところでは，敢えてこれを逆転させて化学的性質を優先させる表を作った．この原子量順の逆転の疑問は，20世紀に入りモーズリー（Moseley）によって解決された．真空中で加熱されたタングステン線から出る熱電子をプラスの高電圧をかけた各種の元素からなる対陰極に衝突させると，紫外線より波長の短いX線が発生するが，その中には対陰極の元素に特有の波長λを持った特性X線が含まれる．モーズリーはその特性X線の振動数$\nu(=c/\lambda,\ c$は光速)の平方根が元素に特有の整数Zと直線関係にあることを見つけた．折しも1913年にボーア（Bohr）は原子による光など電磁波の放出・吸収とエネルギー遷移の考えを発表したが，モーズリーはボーアの考えを参考に，特性X線は電子の衝突によって電子が叩き出されて空席になった内部軌道に，外の軌道から電子が移るときに発する電磁波であろうとの仮定に立って考察を進めた．そしてボーアの計算式を根拠に，特性X線の振動数の平方根と直線関係にある整数Zは，原子核のプラス荷電の価数，あるいは核外電子数であると推論し，原子番号と名付けた．この原子番号Zの順はまさにメンデレエフの周期表での原子の並べ方の順に一致し，原子の周期性で重要なのはこの原子番号であって，原子量の順はときに逆転しうることが明らかになった．

ボーアの理論によると，水素原子の電子は原子核の引力を受けて運動するため，これを引き離すには整数nの2乗に反比例する大きさのエネルギーが必要である．nは主量子数と呼ばれる．nが大きいほど電子を引き離すのに少ないエネルギーですみ，電子は不安定である．一般の原子の中で電子はエネルギーの低い状態から順に詰まり，同じ主量子数nをもつ電子は原子核から同程度の距離にあって電子殻を形成すると考えられる．それらの電子殻はnの値に応じ，内殻から順にK殻，L殻，M殻，N殻などと呼ばれる（表6.1参

表6.1 原子の電子配置

周期	族番号	原子番号	元素	K	L	M	N	周期	族番号	原子番号	元素	K	L	M	N	O	P
1	1	1	H	1				5	1	37	Rb	2	8	18	8	1	
	18	2	He	2					2	38	Sr	2	8	18	8	2	
2	1	3	Li	2	1				3	39	Y	2	8	18	9	2	
	2	4	Be	2	2				4	40	Zr	2	8	18	10	2	
	13	5	B	2	3				5	41	Nb	2	8	18	12	1	
	14	6	C	2	4				6	42	Mo	2	8	18	13	1	
	15	7	N	2	5				7	43	Tc	2	8	18	14	1	
	16	8	O	2	6				8	44	RU	2	8	18	15	1	
	17	9	F	2	7				9	45	Rh	2	8	18	16	1	
	18	10	Ne	2	8				10	46	Pd	2	8	18	18		
3	1	11	Na	2	8	1			11	47	Ag	2	8	18	18	1	
	2	12	Mg	2	8	2			12	48	Cd	2	8	18	18	2	
	13	13	Al	2	8	3			13	49	In	2	8	18	18	3	
	14	14	Si	2	8	4			14	50	Sn	2	8	18	18	4	
	15	15	P	2	8	5			15	51	Sb	2	8	18	18	5	
	16	16	S	2	8	6			16	52	Te	2	8	18	18	6	
	17	17	Cl	2	8	7			17	53	I	2	8	18	18	7	
	18	18	Ar	2	8	8			18	54	Xe	2	8	18	18	8	
4	1	19	K	2	8	8	1	6	1	55	Cs	2	8	18	18	8	1
	2	20	Ca	2	8	8	2		2	56	Ba	2	8	18	18	8	2
	3	21	Sc	2	8	9	2		3	57	La	2	8	18	18	9	2
	4	22	Ti	2	8	10	2		≀	≀							
	5	23	V	2	8	11	2		3	71	Lu	2	8	18	32	9	2
	6	24	Cr	2	8	13	1		4	72	Hf	2	8	18	32	10	2
	7	25	Mn	2	8	13	2		5	73	Ta	2	8	18	32	11	2
	8	26	Fe	2	8	14	2		6	74	W	2	8	18	32	12	2
	9	27	Co	2	8	15	2		7	75	Re	2	8	18	32	13	2
	10	28	Ni	2	8	16	2		8	76	Os	2	8	18	32	14	2
	11	29	Cu	2	8	18	1		9	77	Ir	2	8	18	32	16	
	12	30	Zn	2	8	18	2		10	78	Pt	2	8	18	32	17	1
	13	31	Ga	2	8	18	3		11	79	Au	2	8	18	32	18	1
	14	32	Ge	2	8	18	4		12	80	Hg	2	8	18	32	18	2
	15	33	As	2	8	18	5		13	81	Tl	2	8	18	32	18	3
	16	34	Se	2	8	18	6		14	82	Pb	2	8	18	32	18	4
	17	35	Br	2	8	18	7		15	83	Bi	2	8	18	32	18	5
	18	36	Kr	2	8	18	8		16	84	Po	2	8	18	32	18	6

照).

　n の最も大きい,一番外側の電子殻に入る電子の数を最外殻電子数という.

　19世紀の終わりにラムゼー (Ramsey) らにより,安定で,化合物を作らな

い希ガスが相次いで見つかった．それらの原子の最外殻電子数はヘリウムの2個を除きすべて8個である．ルイス（Lewis）はそのような電子配置の安定性に着目し，さらにアルカリ金属元素が1価の陽イオン，ハロゲンが1価の陰イオンになりやすいのは，それらのイオンの最外殻の電子数も希ガスと同じになるためと考えた．その後，非金属元素同士の作る分子性化合物では，電子は2つずつが対を作り，結合する原子の間で共有されて安定化するとする電子対共

表6.2 周期表（短周期型）

族 周期 亜族	I A	I B	II A	II B	III A	III B	IV A	IV B	V A	V B	VI A	VI B	VII A	VII B	VIII A	VIII	VIII B	O
1	1 H																	2 He
2	3 Li		4 Be		5 B		6 C		7 N		8 O		9 F					10 Ne
3	11 Na		12 Mg		13 Al		14 Si		15 P		16 S		17 Cl					18 Ar
4	19 K		20 Ca		21 Sc		22 Ti		23 V		24 Cr		25 Mn		26 Fe	27 Co	28 Ni	
4		29 Cu		30 Zn	31 Ga		32 Ge		33 As		34 Se		35 Br					36 Kr
5	37 Rb		38 Sr		39 Y		40 Zr		41 Nb		42 Mo		43 Tc		44 Ru	45 Rh	46 Pd	
5		47 Ag		48 Cd	49 In		50 Sn		51 Sb		52 Te		53 I					54 Xe
6	55 Cs		56 Ba		57 La		72 Hf		73 Ta		74 W		75 Re		76 Os	77 Ir	78 Pt	
6		79 Au		80 Hg	81 Tl		82 Pb		83 Bi		84 Po		85 At					86 Rn
7	87 Fr		88 Ra		89 Ac													

ランタノイド	57 La	58 Ce	59 Pr	60 Nd	61 Pm	62 Sm	63 Eu	64 Gd	65 Tb	66 Dy
	67 Ho	68 Er	69 Tm	70 Yb	71 Lu					

アクチノイド	89 Ac	90 Th	91 Pa	92 U	93 Np	94 Pu	95 Am	96 Cm	97 Bk	98 Cf
	99 Es	100 Fm	101 Md	102 No	103 Lr					

有結合の考えが出された．そして，それら共有結合化合物の多くでも，最外殻電子数が希ガスと同様なものが多いことがわかってきた．分子性化合物の構造式で古くから原子間の結合を表すのに用いてきた線は，上記電子対に相当することは明らかである．

> **周期表のスタイル**
>
> かつての周期表には表6.2に示す短周期型が使われ，第4周期以降は同じ1～7族の番号で，アルカリ金属からマンガン等までの比較的陽性のグループと，銅，銀，金からハロゲンまでの比較的陰性のグループとが交互に現れ，前者にA，後者にBを付けて区別した．ボーアの原子模型の発表後，電子の充塡状況の分かる長周期型が多く使われるようになったが，族番号は従来のものが踏襲された．20世紀の終わりに，化学の国際組織 IUPAC (International Union of Pure and Applied Chemistry) で検討の結果，第4周期以降全体をA, Bに分けることなく，アルカリ金属から希ガスまでを順に1～18族に入れ，元素の数が8個の第2，第3周期では3族から後を空欄にし，ホウ素とアルミニウムから先を13族以降に入れることになった（巻頭見開きの周期表参照）．これは第2，第3周期の3～7番目の元素は第4周期以降の13～17番目の元素に，電子の詰まり方や化合物の性質がよく対応することを表わしたものである．
>
> この結果，第2周期のBeとBの間，第3周期のMgとAlとの間で，2族から13族に飛ぶという亀裂が入る．また従来の方式では元素の最外殻電子数が族番号と一致したが，新方式では13族以降，族番号の下1桁が最外殻電子数と一致する．これは第2，第3周期で族番号を2から13にスキップさせたため，また第4周期以降では10個の遷移元素が挿入されるために生じた関係であるが，たまたま人類が十進法を使うため，記憶上の不便はない．

6.2　遮蔽効果と元素の陰陽

［今回の疑問］　原子は $+Ze$ を帯びた原子核と，Z 個の $-e$ を帯びた電子からできて中性のはずなのに，陽性元素，陰性元素があるのはなぜだろう？

［答え］　原子は確かに全体として電気的に中性であるが，アルカリ金属元素やアルカリ土類金属元素などは少数の電子を放出して容易に陽イオンになり，また塩素などハロゲンは電子1個を余分に引き付けて1価の陰イオンになる

が，これは生成する陽イオンの最外殻電子数が希ガスと同じ8個だからとして説明した．これを希ガスの電子配置は「完全」で，自然は完全を好むと情緒的に表現されるとつい「あ，そうか」と納得しそうになるが，これでは少しも科学的な説明にはなっていない．これをもう少し物理学的に表現すれば，アルカリ原子などから電子を引き離すには少量のエネルギーしか必要ないが，希ガスや希ガス型陽イオンから電子を取り去るには大きなエネルギーが必要ということになる．その理由を直感的に理解するには遮蔽効果という考えが便利である．

先に述べたように，原子核のまわりでは同じ主量子数の電子は原子核から同程度の距離にあり，主量子数 n の値に応じ，内側から順に，K殻，L殻，M殻，N殻などを形成する．たとえばLi原子の場合，K殻に2個，外殻のL殻に1個の電子を持っており，そのL殻電子に対し，内側にあるK殻の電子は反発力を及ぼし，結果的に原子核からの引力が相殺されてとれやすくなる．これを内殻電子による**遮蔽効果**という（図6.1(a)）．

ところがBe，B，Cと原子番号が増加すると，それにつれて核荷電 $+Ze$ が増加して核からの引力は強まるが，新しく加わった電子は同じ電子殻内で増えていき，その電子同士の静電反発はいわば「横向き」で，原子から外に向かう方向にはあまり働かず，それらによる遮蔽効果は小さい（図6.1(b)）．

その結果，核荷電増加の影響が優勢になり，電子はだんだんとれにくくなる．これは同殻の電子が7個のF，8個のNeで頂点に達する．ことにフッ素原子の場合は1個余分の電子にも核のプラス電気の影響が及び，その電子は同

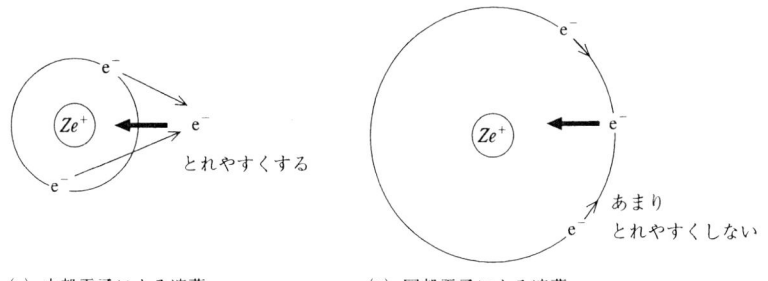

(a) 内殻電子による遮蔽　　　(b) 同殻電子による遮蔽

図6.1　遮蔽効果

じ電子殻に取り込まれ，陰イオンができる．ところがネオンになると，余分の電子の入るべき座席はエネルギーの一段高いM殻のため，陰イオンはできない．

　NaからArに至る第3周期でも同様のことが起こり，原子番号が進むにつれて上述と同じ理由でだんだんと電気的に陰性となる．このようにして周期表で右に進むにつれて，電気的陽性から順次陰性に変わることが説明される．

　このことは原子から電子1個を取り去るのに必要な第1イオン化エネルギーを比較すると，いっそうはっきりする．すなわち最外殻電子1個のLiのイオン化エネルギーは520.1 kJ/mol，同じくNaは495.7 kJ/molであるのに対し，7個のFが1680.6 kJ/mol，同じくClが1255.3 kJ/molで，8個のNeでは2080.2 kJ/mol，同Arが1520.15 kJ/molである．図5.2のグラフは左側が100 kJ/mol単位，右側がeV（電子ボルト）で目盛ってある．

　1 eVは電気素量eを持つ粒子を1 Vの電位差で加速するとき，粒子が獲得する運動エネルギーの量である．または電気素量を持った粒子を1 Vだけ高い電位に移動させるのに必要な仕事エネルギーと考えてもよい．eの値は1.6022×10^{-19}Cであるから，1 eVは1.6022×10^{-19}Jになる．これはSI単位

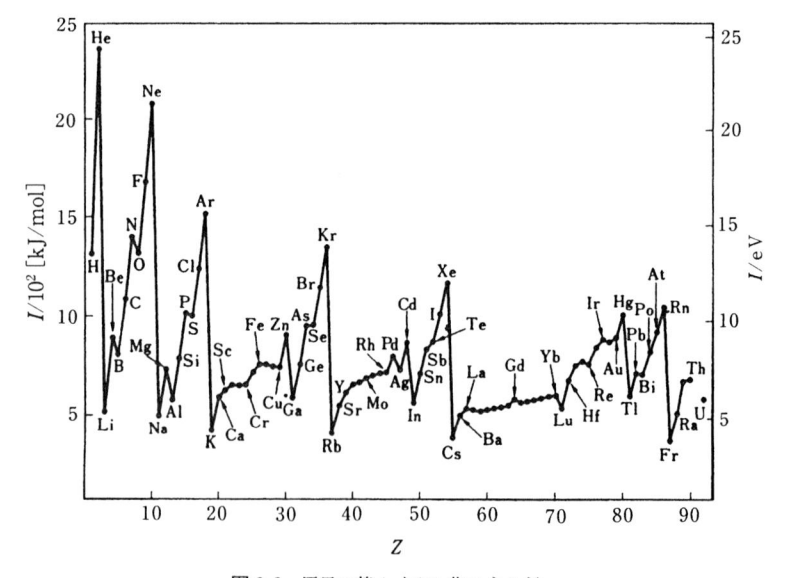

図6.2　原子の第1イオン化エネルギー

系ではないが，原子の電離や化学で扱う程度のエネルギーの値が手頃の大きさになるため，原子関係ではよく用いられてきた．

例題 6.1 前ページの kJ/mol 単位の第1イオン化エネルギーの値から，Na, Cl, Ar の原子1個のイオン化エネルギーを，J 単位と eV 単位で求めよ．

［解答］ 原子1個あたりの J 単位の値は上の数字をアボガドロ定数で割り，kJ を J に換算するために 1000 を掛ければよい．

$$\text{Na の場合，} \quad 495.7 \div (6.022 \times 10^{23}) \times 1000 = 8.231 \times 10^{-19} [\text{J}]$$
$$\text{Cl の場合，} \quad 1255.3 \div (6.022 \times 10^{23}) \times 1000 = 2.0845 \times 10^{-18} [\text{J}]$$
$$\text{Ar の場合，} \quad 1520.15 \div (6.022 \times 10^{23}) \times 1000 = 2.5243 \times 10^{-18} [\text{J}]$$

eV（電子ボルト）単位では，

$$\text{Na}: \quad 8.231 \times 10^{-19} \div 1.6022 \times 10^{-19} = 5.137 [\text{eV}]$$
$$\text{Cl}: \quad 2.0845 \times 10^{-18} \div 1.6022 \times 10^{-19} = 13.010 [\text{eV}]$$
$$\text{Ar}: \quad 2.5243 \times 10^{-18} \div 1.6022 \times 10^{-19} = 15.755 [\text{eV}]$$

例題 6.2 水素原子の第1イオン化エネルギーは 13.598 eV である．kJ/mol 単位に換算せよ．

［解答］ 原子1個で $13.598 \times 1.6022 \times 10^{-19} = 2.1787 \times 10^{-18}$ [J] で，1 mol あたり，$2.1787 \times 10^{-18} \times 6.02214 \times 10^{23}$ [J] $= 1.2152 \times 10^{6}$ [J] $= 1215.2$ [kJ]

例題 6.3 主量子数3の状態の水素原子のイオン化エネルギーは何 eV か．また何 kJ/mol か．

［解答］ 水素原子のイオン化エネルギーは主量子数の2乗に反比例するから（p. 49 下参照），$13.598/9 = 1.511$ [eV], $1215.2/9 = 135.0$ [kJ/mol]．

6.3 斜めの類似と遷移元素の出現

第2，第3周期の前半の元素には，斜めの類似または対角線関係（diagonal relationship）と呼ばれる関係がある．たとえば Li はアルカリ金属として溶けやすい水酸化物を生ずる一方で，炭酸塩，リン酸塩，フッ化物が溶けにくいなど，右下の Mg に似た点もある．また2族の Be の水酸化物が両性でアルカリ

水溶液に溶けるなど,右下の Al に似た性質を示す.さらにその右の B は単体や酸化物の融点が極めて高く,酸素酸のアルカリ塩がガラスを作りやすいなど,右下の Si によく似ている(図 6.3).

この斜めの類似は,外殻の電子ほどとれやすくなる一方で,周期表で右に行くほど遮蔽効果が不完全でとれにくく両方の効果が合わさる結果であろう.

```
Li    Be    B
  \     \     \
   Mg    Al    Si
```

図 6.3 斜めの類似(対角線関係,酸化数は 1 ずつ異る)

例題 6.4 斜めの類似の理由を考えよ.

[解答] 元素の性質は原子の陰性・陽性に大きく影響される.ところで周期表の下に行くにつれて外殻電子の主量子数は大きくなり,電子はとれやすくなって原子は陽性になる一方で,1 つの周期の右に行くにつれて同一電子殻の電子による遮蔽の不完全から核荷電の影響が強まり,電気的に陰性が強くなる.この両方の効果を考えると,陰性あるいは陽性がほぼ同じ元素は左上から右下に向かう線上にあると考えられ,これが斜めの類似の原因と考えられる.

第 3 周期の終わりにある希ガスの Ar で M 殻が 8 個になって完成したあと,主量子数が 1 つ上の新しい N 殻に電子が 1 個入って 1 族アルカリ金属の K,2 個入って 2 族アルカリ土類金属の Ca が現れる.しかしその後はこの第 4 周期では今までの第 2,第 3 周期とは大きく違っている.すなわち,次の Sc では新しい電子は再び M 殻に入り,このあと M 殻電子の追加が続いて,Cu になって M 殻の電子数は 18 に達する.これは M 殻の電子収容力が 8 でなくて 18 であることからきている.そしてこのとき追加される電子が最外殻でなく,1 つ内側の M 殻に入るため,元素の化学性質への影響は少なく,この過程では元素の性質は急激な変化を示さず,少しづつ移り変わっていき,原子番号の隣同士が似ているという,第 3 周期までには見られなかった特徴がある.そこでこれらの元素を一括して**遷移元素**と呼んでいる.遷移は族ごとの明確な違いがなく,化学的性質がわずかずつ移り変わっていく様子を表す.新しい規約ではこ

れら遷移元素には，Sc の 3 族から順に Cu の 11 族までの族番号が与えられている．第 5 周期以降でも同様に 3 族の Y から 11 族の Ag までの遷移元素が出現する．

遷移元素はすべて金属元素であるが，それらの塩類には特有の色や磁性を示すものが多く，その学習にはある程度の予備知識が必要である．そこで本書では遷移元素の学習は最後の第 15 章で行うことにする．11 族で内側の電子殻の充填が終わると，新しく追加される電子は再び最外殻で起こり，その状況は第 3 周期までの周期で三つ目から後の電子が詰まっていく過程と極めてよく似ている（表 5.1 参照）．第 2，第 3 周期で 2 族に続く元素の族番号を飛ばして 13 以降の番号を付けたのは，こうすれば，類似の元素に同じ族番号が付けられるからである．第 12 族以降で最外殻電子数や最高酸化数が族番号の下 1 桁の数字に等しくなっているのもこのような理由による．

例題 6.5 遷移元素がすべて金属元素である理由を考えよ．

［解答］ 遷移系列で新しく充填される電子は内殻に入り，最外殻の電子数はすべて 1，または 2 である．単体でこれらは自由電子として金属結合に関与する．

─●まとめ─

(1) 19 世紀後半，元素を原子量の順に並べると，それらの性質は移り変わるが，また同じような性質のものが繰り返し現れることが，見出された．

(2) 原子構造の解明とともに，上の「原子量の順」は，核荷電の価数または核外電子の数としての「原子番号の順」とするのが妥当なことが分かった．

(3) 19 世紀終わりに不活性な希ガスが発見され，アルカリ金属やアルカリ土類元素がそれぞれ 1 価陽イオンを作りやすく，フッ素や塩素などのハロゲンが 1 価陰イオンを作りやすいのは，それらのイオンの最外殻電子数（価電子数）が希ガスと同じで安定な構造であるためと考えられた．

(4) 非金属元素同士の作る分子では，その原子のまわりの原子との間で 2 個ずつの電子（電子対）が共有されて安定になると考えられる．

(5) 原子に陰性と陽性があるのは，原子核のまわりを電子殻が幾重にも

囲み，荷電子数の少ない原子ではこれらの電子に対する核の引力が内殻電子の反発力によって弱められる（遮蔽される）ためと考えられる．同殻電子数が増えると，相互の遮蔽効果は弱いため，電子はとれにくく，陰性になる．

(6) 第2周期1族のLiと2族のBeは，原子価では第3周期の同族元素と似ているが，塩類の溶解度その他でそれぞれ斜め右下の2族のMg, 13族のAlとの類似点がある（斜めの類似）．

(7) 第3周期の終わりのArで，最外殻のM殻の電子が8個になって安定になったあと，1族のKと2族のCaでは一つ外側のN殻に電子が入るが，次のScからCuまでは再び内側のM殻に電子が入っていく．この過程で現れる元素は族の特徴より横の類似が顕著で何種類もの酸化数を示し，塩類が特有の色を持ち，磁性を示すなどの特徴があり，遷移元素という．

問　題

6.1 元素の陰陽と周期表の位置との関係について述べ，その理由を説明せよ．

6.2 Ca^{2+}を含む水 1.00 L を測りとり，シュウ酸アンモニウム溶液を加えてCaC_2O_4を完全に沈殿させた．沈殿をろ過し，灼熱してCaOとして秤ったところ，27.3 mg あった．水の中には何%のCa^{2+}が含まれていたか．

7. 周期の真ん中の14族

本章では周期表のほぼ中央にある14族元素について考える．そのうち第2，第3周期の炭素，ケイ素は非金属で，共有結合を作る傾向が強いのに対し，第5周期以下の金属元素のスズ，鉛などとは，古くから知られた金属で，かなり違っている（第4周期のゲルマニウムは中間的である）．ここでは，とくに共有結合を作りやすい炭素とケイ素に重点を置いて説明し，第5周期以下の金属の化学的挙動については，12族周辺の金属と一緒に，あらためて第14章でも考察する．

7.1 14族元素の単体

この族でまず目を引くのは，第2周期の炭素，第3周期のケイ素の融点，沸点がその周期で最高となっていることである（表7.1）．これも同じ元素の原

表7.1 典型元素単体の融点と沸点［℃］（遷移元素単体は図15.1参照）

	融点	沸点		融点	沸点		融点	沸点		融点	沸点
Li	180.5	1347	Na	97.8	881.4	K	63.2	765.5	Rb	39	688
Be	1287	2970	Mg	649	1105	Ca	839	1494	Sr	768	1381
B	2180	3650	Al	660	2467	Ga	29.8	2403	In	156.6	2080
C	4100	4827	Si	1420	3280	Ge	945	2850	Sn	232	2623
N_2		−196	P_4		280.5	As		615*	Sb	631	1587
O_2		−183	S_8		444.6	Se_6		685	Te	452	990
F_2		−188	Cl_2		−34.5	Br_2		59.5	I_2		185
Ne		−246	Ar		−186	Kr		−153.4	Xe		−108

* ヒ素（As）は昇華

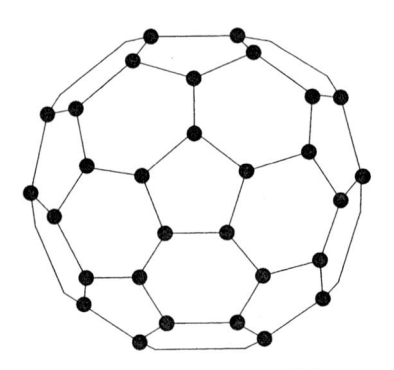

図7.1 フラーレン C_{60} の構造

子との間で多数の強い共有結合を作ることからきている．炭素の左の13族のホウ素も融点，沸点は高いが，炭素はさらに高く，すべての物質のうちで最高値を示す．一方，右隣の窒素は沸点77 K（-196℃）の気体で，対照的である．単体窒素も強い共有結合で結ばれているが，2原子分子内で飽和していて結合が外部に及ばないため，融点，沸点が低い．一方，炭素やケイ素では，共有結合が3次元的で，結晶内の周囲の原子に及ぶため，融点がとくに高い．

炭素にはケイ素と同じ結晶構造のダイヤモンド（図1.3）があるものの，それは特殊な条件でしかできず，黒鉛（石墨，グラファイト）という独特の構造の同素体が一般的で安定である．その構造はすでに図1.4に示したように，炭素原子で作られた六角形を隙間なく結合させてできる平面層を積み重ねて，互いにやや長いC—C結合で結び付けた形になっており，各層状原子面の両側には自由電子が収容されるため，黒鉛は非金属としては珍しくよく電気を導く．有機物を焦がしてできる無定型炭素も，その不完全型と見ることができる．その中で用途の面から特筆すべきは，日本で生まれた炭素繊維であろう．すなわちポリアクリロニトリル繊維を高温で熱分解したところ，極めて強い炭素の繊維ができた．その後，他の合成繊維からも作られ，これをさらに架橋した不飽和ポリエステル樹脂で固めたものは強度が大きく，スポーツ用品から航空機に至る広い範囲の機器の構造材として用いられている．

以上のほか，炭素にはその存在が予想されたのち，すすの中から極めて微量分離されたサッカーボール型分子 C_{60}（図7.1）からなる同素体フラーレンがあり，誘導体に特異な物性を示すものが多いことから盛んに研究されている．

7.1 14族元素の単体

20世紀中頃に発明されたトランジスターとそれに続くICの発明により，ゲルマニウム（Ge），ついでケイ素（シリコン，Si）の利用が急速に進展した．地殻の原子数の1/4を占めるシリコンの資源は豊富であるが，極めて純度の高い単結晶が要求され，それに対応する技術が次々に開発された．普通，まずケイ砂（酸化ケイ素）を炭素で還元して粗製の単体を得る．これに塩化水素を働かせてトリクロロシラン（$SiHCl_3$）を主体とする液体化合物とし，分留で精製する．これを水素還元または熱分解すると，純度の高い多結晶状のシリコンが得られる．これから単結晶を得るにはCZ法やFZ法が使われる（図7.2，7.3）．

CZ法は1917年にチョクラルスキー（Czochralski）によって開発された方法で，減圧アルゴン雰囲気に保たれたチェンバー内の石英るつぼ中で，黒鉛ヒーターにより多結晶シリコンを加熱融解し，種結晶と呼ばれる結晶方位が調整された単結晶棒を融液につけ，双方を互いに逆方向に回転させ，最初はやや速く引き上げて細い完全な単結晶を作ったのち，引き上げ速度を遅くして十分な太さの結晶を成長させる．現在こられの工程は，普通，自動制御で行われる．

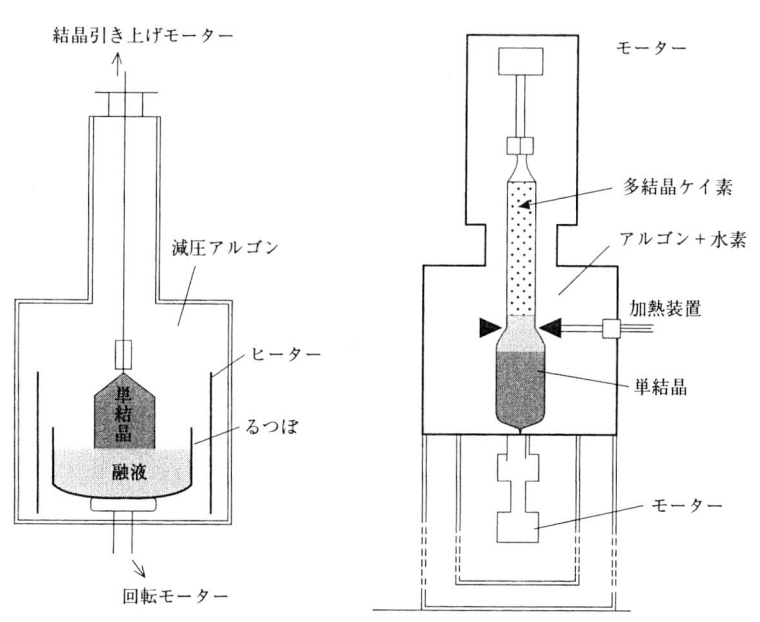

図7.2 CZ法単結晶製造装置の概念図 **図7.3** FZ法単結晶製造装置の概念図

FZ法（floating zone法）は，不活性雰囲気中で棒状多結晶を上側に，種結晶を下側に保持して接触させ，接触部を高周波コイルで誘導加熱，融解し，融解部を上方に移動させることにより単結晶を成長させる方法である．この方法はもともと帯域融解法（zone melting法）を改良したもので，原法では長いボート内の材料をリングバーナーを用いて一端から帯状に融解し，融解部を一方の端から他端に移動させることにより，不純物を一方の端に集めて除去する．FZ法も原理は同じであるが，容器を用いないために不純物の混入が避けられる．

例題 7.1 酸化ケイ素から多結晶シリコンを得る反応を反応式で示せ．
[解答] 61ページ初めの説明から，

$$SiO_2 + 2\,C \longrightarrow Si + 2\,CO$$
$$Si + 3\,HCl \longrightarrow SiHCl_3 + H_2$$
$$SiHCl_3 + H_2 \longrightarrow Si + 3\,HCl \quad (水素還元)$$
$$4\,SiHCl_3 \longrightarrow Si + 3\,SiCl_4 + 2\,H_2 \quad (熱分解)$$

14族の重いメンバーのスズと鉛は古くから知られ，比較的融点が低いことから，はんだの材料として広く用いられる．これは同族の軽いメンバーの炭素やケイ素の極端に高い融点と対照的である．周期表でスズ，鉛の周辺にも融点の低い金属が多く，スズの左のガリウムの融点は 29.78℃ である．周期表の後半の原子番号の大きい元素では，単体が最高の融点を持つ元素は14族ではなく，6族のモリブデン，タングステンを中心に，遷移系列の中央付近にくる（第15章参照）．

スズや鉛の化合物にはその毒性から公害問題を起こしたものも少なくない．例えば塩基性炭酸鉛は純白で延びがよいことから，古くは化粧品として用いられたが，20世紀初め京都大学医学部の平井により，乳幼児の中毒の原因となることが見出され，現在ではこれに代わるものとして酸化チタン(IV)が用いられる．このほか四エチル鉛をガソリンに混入するとオクタン価が上昇することから一時広く用いられたが，これも人体への有害性から使用は禁止された．また船底への貝類の付着を防ぐとして船底塗料として用いられた有機スズ化合

物は，食物連鎖によって魚介類に摂取されることが分かって使用は禁止された．四エチル鉛や有機錫化合物は，スズや鉛が炭素と同じ 14 族である一面を物語る．

7.2 炭素とケイ素の酸素化合物，ハロゲン化物の比較

炭素とケイ素は単体の融点・沸点が高く，ケイ素がダイヤモンドと同じ結晶構造をとるなど，似た点が多いが，酸化物や酸素酸イオンでは大きく異なる．

(1) 炭素と酸素は半径が近く，二重結合を作りやすい．このため二酸化炭素は安定な単量体の直線型 O=C=O 分子を作り気体となる．一方，二酸化ケイ素では Si と O とが二重結合を作ることはなく，Si に結合した O は他の Si とも結合するというふうに，結合が結晶全体に及び，融点，沸点が非常に高い．

(2) 酸素酸イオンの構造も根本的に違っていて，炭酸イオンが二重結合を含む平面三角形の単量体 CO_3^{2-} となるのに対し，ケイ酸イオンは Si を中心とする四面体の頂点に O が結合し，単量体イオン SiO_4^{4-} のほか，しばしば O を共有した多種多様な多量体イオンを作る．これについては次節で述べる．

炭酸ナトリウムは純品を加熱したのち乾燥器中で冷却すれば組成通りのものが得られ，中和滴定の標準物質として使われる．酸との反応は，

$$Na_2CO_3 + 2\,HCl \rightarrow 2\,NaCl + H_2O + CO_2$$

で，生成した二酸化炭素は弱酸性を呈するが，メチルオレンジを指示薬とし，黄色から少しでもオレンジ色を帯びた点を中和点とすれば，その生成を無視してよい（一度，軽く煮沸してから冷却して中和点を見るよう推奨されてきたが，変色点の観察で上の注意を守れば必ずしも不可欠ではない）．

例題 7.2 加熱乾燥後冷却した Na_2CO_3 10.598 g を秤りとり，水に溶かして正確に 1 L にした．その 10 mL をピペットでとり，水で薄めてメチルオレンジ溶液 3 滴を加え，濃度未知の希塩酸を滴加したところ，9.87 mL 加えたとき黄色からわずかにオレンジ色を帯びた．希塩酸のモル濃度を計算せよ．

[解答] 反応式から Na_2CO_3 は 2 価の塩基として働くことが分かる．その式量は 105.99 であるから，10.598 g を溶かして 1 L にしたもののモル濃度は，0.09999 mol/L．∴ $2 \times 0.09999 \times 10 = 9.87\,c$ から，$c = 0.2026$ [mol/L]．

炭素やケイ素のハロゲン化物の間にも微妙な違いが見られる．たとえば，四塩化炭素は水に溶けない安定な液体で，容易に気化して不活性の蒸気を生じ，消火剤として用いられるが，四塩化ケイ素は水と激しく反応して，分解し，白煙を上げる．フッ素と他のハロゲンを含み，水素を含まない炭素化合物はフレオンまたはフロンと呼ばれ，安定な揮発性溶媒としてエアロゾル材料や冷媒として使われたが，成層圏に到達して太陽の有害紫外線を遮断するオゾン層を破壊することが分かり，使用が禁止されるとともに，極力全量回収して無害化する努力がなされている．4.3 節に述べたように，フッ化水素の特異性の一つに，酸化ケイ素やこれを含むケイ酸塩と反応し，四フッ化ケイ素（SiF_4）やヘキサフルオロケイ酸（H_2SiF_6）を生成してこれらを溶かす性質がある．

例題 7.3 次の場合に起こる化学変化を反応式で示せ．
 a) 四塩化ケイ素が水と反応して，ケイ酸（$SiO_2 \cdot nH_2O$）と塩化水素を生ずる．
 b) 二酸化ケイ素がフッ化水素と反応して，四フッ化ケイ素，さらにヘキサフルオロケイ酸を生成する．
 c) 四フッ化ケイ素を水に通すと，ケイ酸とヘキサフルオロケイ酸ができる．

[解答] a) $SiCl_4 + (n+2)H_2O \rightarrow SiO_2 \cdot nH_2O + 4\,HCl$
 b) $SiO_2 + 4\,HF \rightarrow SiF_4 \uparrow + 2\,H_2O$，および，$SiF_4 + 2\,HF \rightarrow H_2SiF_6$
 c) $3\,SiF_4 + (n+2)H_2O \rightarrow SiO_2 \cdot nH_2O + 2\,H_2SiF_6$

7.3 ケイ酸塩とセラミックス

ケイ酸塩は岩石として地殻の主要な部分を形成し，その中でケイ酸イオンは上に述べたように，ケイ素原子を中心として四面体型の SiO_4 単位を形成し，

7.3 ケイ酸塩とセラミックス

その中には単量体イオン SiO_4^{4-} として存在するものもあるが，多くは O を共有する多量体として存在し，図 7.4 に示すように多種多様な構造を形作る．これらの構造はそれらの物性にも反映され，図 7.4(g) の複鎖状のものは一般に角セン石類といい，その中には石綿のように繊維状にほぐれやすいものが多い．図 7.4(h) の型ではポリケイ酸の網面の間に Al 原子などを中心とする縮合八面体層およびアルカリ，アルカリ土などの陽イオンが存在し，雲母類のよ

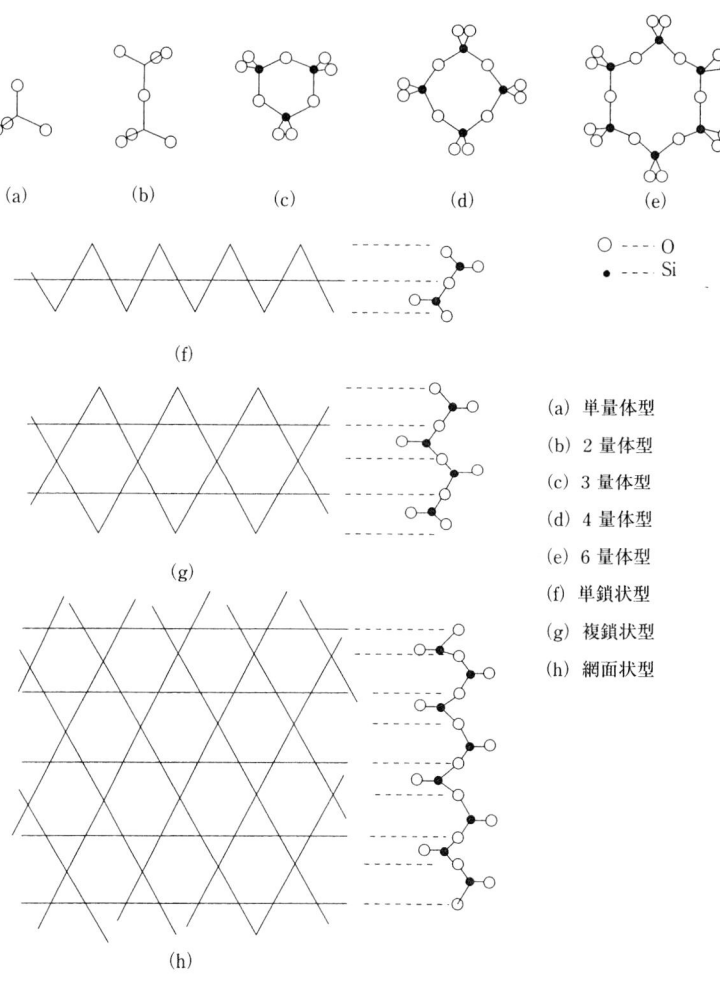

○ ---- O
● ---- Si

(a) 単量体型
(b) 2 量体型
(c) 3 量体型
(d) 4 量体型
(e) 6 量体型
(f) 単鎖状型
(g) 複鎖状型
(h) 網面状型

図 7.4 いろいろな形のケイ酸イオン（(a)～(e) は松浦二郎ほか，大学無機化学演習，裳華房，1963.）

うに薄片状にはがれやすい．粘土鉱物の多くも基本的に層状構造をとるものが多い．

　セラミックスの語はギリシャ語の粘土からきて，もともとは陶磁器を意味し，材質もケイ酸塩に限られたと見られるが，その後，広く熱を加えて固められる無機物全般を指すようになり，医療用から電子材料，磁気材料までが包含され，先端技術の一翼を担う状況になっている．

　陶磁器において，成分元素を塩基性成分，中間成分，酸性成分に分けて考えることが多く，それぞれのグループは固有の役割を演じていると考えられる．塩基性成分とはアルカリ金属，アルカリ土類金属など1価，2価の金属の酸化物で，全体の融点を適当なところまで下げて加熱によって全体が半融解の状態を経由し，結果として冷却後一つの固まりにする働きがある．普通これらの元素を比較的多く含む長石類を混ぜることで補給され，これらがなければ加熱しても固まらずにばらばらの粉のままである．酸性成分はケイ酸（二酸化ケイ素）を主体とし，アルカリ成分と呼応してガラス化，一体化を起こす．酸化アルミニウムなど中間成分は構造を引き締め，強度を増す．これがないと単なるガラスとなり十分な強度が得られない．

　陶磁器は素焼きなど特殊なものを除き，表面にガラス分を主体とする，釉薬（うわぐすり）を塗って焼き，固着させるのが普通である．これは素材の多孔性による水漏れを防ぐほか，強度を増し，つやや色付けによって外観を改善する．歴史的には焼き上げのときにできた灰が表面に付いてつやを出したのを利用したのが初めとされるが，さらにアラビヤで興ったガラス技術を利用するようになった．ガラスや釉薬の着色は，主として重金属酸化物を添加して行われる．この色には重金属の種類だけでなく，酸化状態も影響し，したがって焼成を酸化条件で行うか，還元条件で行うかによって変わってくる．たとえば鉄化合物を加えたものでは，酸化的焼成ではFe^{3+}のオレンジ色，還元的焼成ではFe^{2+}の淡緑色（青磁の色）となる．特殊な例としては銅塩の添加があり，酸化条件ではCu^{2+}の緑色を示し，還元条件ではイオンの色でなく，酸化銅(I) Cu_2Oの赤色を示し，中国では紅ゆう，日本では辰砂ゆうという．辰砂ゆうといっても名称だけで，辰砂（硫化水銀(II)）とは無関係である．この着色については，中国で偶然これを見つけた陶工が皇帝に献上したところ，もっと作

ように命じられ，それ以後何度試みたが成功せず，焼成中の窯に身を投げて自害したあとの窯から弟子が深紅の製品を見つけたという悲話が伝えられている．肉体の焼成によって還元的雰囲気ができたとすると，この伝説は十分信憑性があるように思われる．

地殻の主要成分の一つであるケイ酸塩の分析は無機化学，地球化学，鉱物学，窯業などと関連して，古くから重要な課題であった．ケイ酸塩の分析の最も標準的な方法は，試料を粉末にして純粋な炭酸ナトリウムと混ぜ，白金製のるつぼで融解したのち，塩酸を加えて蒸発乾固し，ケイ酸を不溶の $SiO_2 \cdot nH_2O$ にする一方で，主要な金属を可溶性の塩化物として分離する方法である．分離されたケイ酸はろ過水洗し，灼熱後に冷却して SiO_2 として秤る．分析の過程で試料に炭酸ナトリウムを加えて加熱するので，アルカリ金属のみは別の試料について別の方法で分析する．アルカリ金属以外の金属はケイ酸をろ過して除いた溶液に適当な沈殿剤を加えて沈殿させてろ過洗浄し，灼熱後に冷却して秤量するのが普通である．たとえば Ca^{2+} はシュウ酸アンモニウムを加えて CaC_2O_4 を沈殿させ，焼いて CaO として秤る．また Al や Fe のイオンはアンモニア水を加えて水酸化物を沈殿させ，焼いて酸化物として秤る．

例題 7.4 上の方法でケイ酸塩 0.300 g を分析したところ，CaO が 0.112 g，Al_2O_3 が 0.0679 g，SiO_2 が 0.120 g，得られた．このケイ酸塩の化学式を求めよ．

［解答］それぞれの酸化物の式量で割って物質量を求めてみると，$0.112/56.08 = 0.001997$ mol，$0.0679/101.96 = 0.0006659$ mol，$0.120/60.084 = 0.001997$ mol となり，比率はかなりの精度で 3:1:3 となっている．しかも各酸化物の和は 0.2999 g でほとんど 100% に近い．したがってこのケイ酸塩の化学式は，$3CaO \cdot Al_2O_3 \cdot 3SiO_2$，すなわち $Ca_3Al_2Si_3O_{12}$ と考えられる．

──●まとめ──

(1) 周期表の第 1，第 2 周期の中央にある 14 族元素の炭素とケイ素の単体はそれぞれの周期で最高の融点，沸点を示す．それはこれらの原子が安定な共有結合を作り，まわりの原子との間で強く結び付くためである．

(2) 炭素にはケイ素と同じ結晶構造のダイヤモンドのほか，安定な黒鉛，およびサッカーボール型のフラーレン C_{60} などの同素体がある．

(3) ケイ素とゲルマニウムの単体は半導体で，IC 材料として広く使われる．

(4) 炭酸イオンは平面三角形であるが，ケイ酸イオンは四面体型で，しばしば O を共有して多量体を作る．ケイ酸塩は窯業材料として重要である．

(5) 主要な岩石の多くはケイ酸塩である．その標準的な分析法は，粉末試料を純粋な炭酸ナトリウムと混ぜて白金るつぼ中で融解したのち，塩酸で酸性にして蒸発乾固し，ケイ酸を不溶の $SiO_2 \cdot nH_2O$ として分離，ろ過し，灼熱して SiO_2 として秤る方法である．一方，含まれていた金属元素は可溶性の塩化物となるので容易に分離される．

(6) 14 族の重いメンバーのスズや鉛の融点は比較的低くはんだの材料になる．

(7) 四エチル鉛はアンチノック剤，有機スズ化合物は船底塗料として使われたが，毒性のため今は使われていない．

(8) 鉛蓄電池は良好な可逆性のため，重いという難点はあるが広く使われる（p. 129 参照）．

問　題

7.1 炭素やケイ素の高い融点の理由を説明せよ．
7.2 ケイ酸塩の色は何によって決まるか．またどんな用途が期待されるか．
7.3 陶磁器におけるうわぐすりとはどういうものか．またその役割を述べよ．

8. 酸と塩基, 電子対の過不足

　ブレンステッド (Brønsted) の考え方では陽子を特別扱いし, その受け渡しとして酸・塩基を扱った. その後ルイス (Lewis) は酸・塩基の反応を電子対の授受として捉え, いっそう広い範囲の現象にも適用できるようにした. 本章ではまずその考え方を, 例を挙げて説明し, とくに13族元素の化合物の多くがルイス酸として, 15族元素の化合物の多くがルイス塩基として働くことを示す.

8.1　電子対の過不足と13族, 15族

　電子対はいつも相手原子と共有されるとは限らず, 一部は共有されないで, 一つの原子やイオンに属することもある. このような電子対を非共有電子対 (unshared electron pair), または孤立電子対 (lone pair) という. たとえばアンモニアの窒素原子は3個の水素原子との間で電子対の共有結合を作り, なお一対の非共有電子対をもっている. その非共有電子対がさらに1個のプロトンとの間で共有されると, アンモニウムイオン (NH_4^+) ができる (図8.1, a).
　一方, 13族のホウ素の作るフッ化ホウ素 (BF_3) は平面三角形の分子からなる気体で, アンモニアや有機アミンと反応して R_3NBF_3 の形の化合物を作る. その中でNとBの間には電子対による結合がある. このN—Bの電子対はもともと窒素原子が非共有電子対として持っていたものを, Bとの共有のために提供したもので, このようにしてできる結合を供与結合 (dative bond) または配位結合 (coordinate bond) と呼ぶ (図8.1, b). ただ, できた結合

は通常の極性の共有結合と本質的な違いはない．配位結合の名はウェルナー（Werner）の配位説で扱う金属錯体の金属原子と配位子との結合がこの型であることからきている（10.2節参照）．

上の配位結合の生成は，アンモニウム塩の生成の過程でアンモニアの電子対がプロトンに供与されたのと同様で，その陽子の役割を BF_3 が演じたことになる．そこで酸・塩基の定義を拡張して，酸とは BF_3 のように電子対を受け入れる物質（受容体），塩基とは電子対を提供する物質（供与体）とすれば，広い現象を統一的に記述することができる．これはルイス（Lewis）の発案によるもので，ルイス酸，ルイス塩基という．この考えは現在広く受け入れられており，電子対供与体，電子対受容体を単に供与体（donor），受容体（acceptor）ということがある．ただし，近年生化学や電子工学の分野で，電子1個を放出したり，受け入れたりするものをドナー，アクセプターと呼ぶことがあるので，注意が必要である．

BF_3 はまた，フッ化水素（HF）と反応して強酸性のテトラフルオロホウ酸（HBF_4）を生成する．その陰イオンは正四面体型で，BF_3 がルイス酸として F^- の電子対を受け入れてできたものと考えることができる（図8.1, c）．

ホウ酸（H_3BO_3）の結晶は三角形風車状の分子が平面上に水素結合してできた層状構造を有し，鱗片状になりやすい．水溶液では成分の水素が電離するのでなく，水から OH^- を奪って配位結合し，$B(OH)_4^-$ のような陰イオンを生ずるために弱酸性を呈するとされ，ルイス酸としての性格を表している（図8.1, d）．

> **ホウ酸はアンモニアを逃がさない**
>
> ホウ酸とアンモニアのルイス酸・塩基としての親和性は，試料中の窒素を中和滴定で求めるケルダール法にも利用される．同法についてはすでに例題4.4で説明したように，すべての窒素はアンモニアとなって蒸留されるが，これを先の問題のように酸で中和して余分の酸を水酸化ナトリウムで逆滴定する代わりに，発生する蒸気をホウ酸を含む受器に受けると，アンモニアはホウ酸と結合するため逃げることなく捉えられる．これにメチルレッドを指示薬として加え，塩酸などの強酸で滴定すると，アンモニアが中和されてアンモニウム塩となった点で溶液が赤変しこれから窒素含量が求められる（問題8.1参照）．

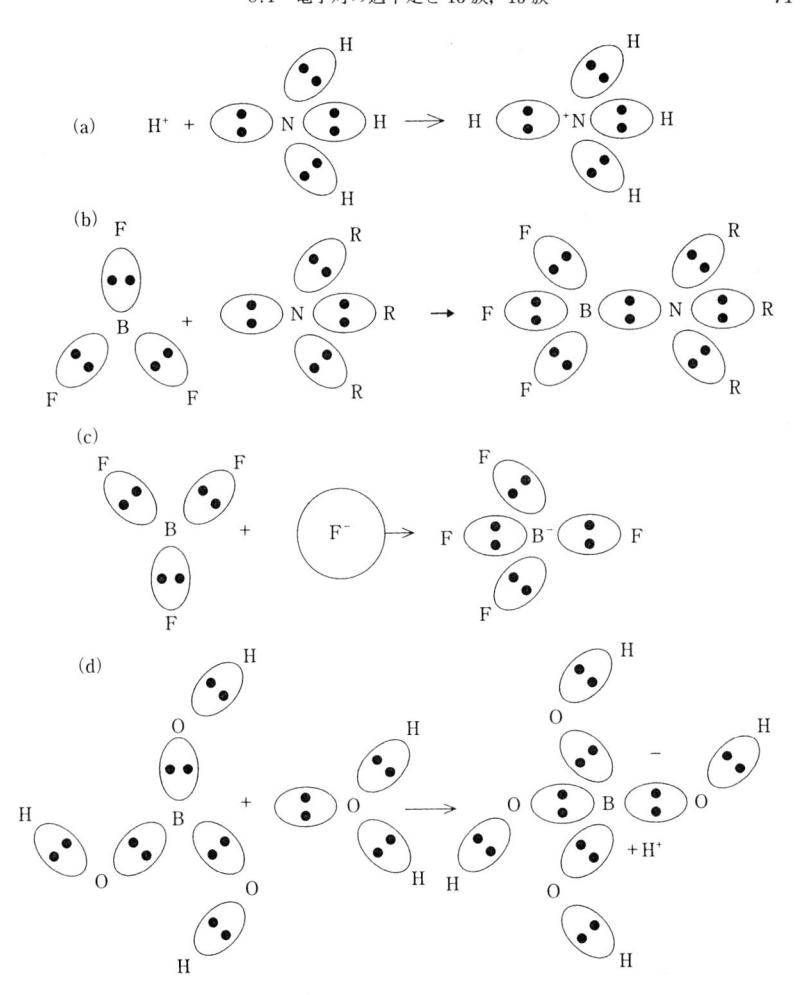

8.1 電子対の過不足と13族, 15族　　71

図8.1 ルイスの酸・塩基と配位結合（⦿は電子対を表す）
(a) 陽子とアンモニア，(b) フッ化ホウ素とアミン，(c) フッ化ホウ素とフッ化物イオン，(d) ホウ酸と水

　ホウ酸はまた種々の多価アルコールと配位結合して強酸性4配位錯体を作りやすく，この性質を利用してホウ酸を中和滴定することも可能である．近年ポリビニルアルコールにテトラホウ酸ナトリウム（ホウ砂）水溶液を加えてかき混ぜ，スライムという餅状のものを作る遊びがはやっているが，これもホウ素が配位結合によってOH基と結合して橋かけして粘っこくするためだろう．

例題8.1 次の化学種を，a）通常ルイス酸として働くもの，b）通常ルイス塩基として働くものに分類せよ．

1. $CH_3(CH_2)_3^-$, 2. NH_2^-, 3. AlF_3, 4. C_2H_5OH,
5. $(CH_3)_2NH$, 6. SiF_4

［解答］通常ルイスの酸として働くものは3，6，またルイス塩基として働くものは1，2，4，5である．ルイス塩基として働くものは，分子またはイオンが，$:(CH_2)_3CH_3^-$，$:NH_2^-$，$:OHC_2H_5$，$:NH(CH_3)_2$のように非共有電子対をもつことから明らかである．3のAlF_3は3個のF^-から電子対を受け入れてAlF_6^{3-}のようなイオンを作るので，ルイス酸である．SiF_4はそれ自身電子対の過不足はないが，過剰にF^-があるとその電子対を受け入れ，共有結合を増やしてSiF_6^{2-}のような陰イオンができるので，潜在的なルイス酸である．

8.2 アルミニウム，ミョウバンとアルミナ

金属アルミニウムは，3.3節（p. 23）でも述べたように，氷晶石（Na_3AlF_6）を融解して酸化アルミニウム（Al_2O_3）を融かしたものを，電気分解して得られる（先の例題8.1も参照）．アルミニウムの名の由来するミョウバン（$KAl(SO_4)_2 \cdot 12H_2O$, alum）は古くから，温和な酸性と収れん性を利用して目薬として使われていた．温水溶液を放冷すると，正八面体の結晶が析出し，小さい完全な結晶を種としてつるしておくと大きい結晶に成長する．結晶中ではアルミニウムイオンは水分子と結合して水和イオンとして存在し，溶液中で$[Al(H_2O)_6]^{3+} \rightarrow [Al(OH)(H_2O)_5]^{2+} + H^+$のように電離して弱酸性を呈する．これを金属イオンの加水分解という．

例題8.2 ミョウバン1.00 gを水に溶かし，適量のアンモニア水を加えてアルミニウムを完全に水酸化物$Al(OH)_3$として沈殿させてろ過し，灼熱後冷却して秤った．この場合に生じた酸化アルミニウムAl_2O_3は何gになるか．

［解答］ミョウバンの式量は494.4，酸化アルミニウムの式量は101.96で，前者1 molから後者1/2 molができるから，$1.00 \times 55.98/494.4 = 0.1132$ g．

ミョウバンと同形の（結晶内の原子配置が同じの）結晶は第4周期の13族Gaのほか，Ti, V, Cr, Feなど遷移元素の3価イオンを含むものも得られ，それぞれの元素名を付けて，$KCr(SO_4)_2 \cdot 12H_2O$ はクロムミョウバン，また，$NH_4Fe(SO_4)_2 \cdot 12H_2O$ は鉄アンモニウムミョウバンなどと呼ばれる．

かってはミョウバンの成分元素と思われた酸化アルミニウム Al_2O_3 はアルミナ "alumina" と呼ばれ，無色透明の極めて硬い物質で，鋼玉 (corundum) とも呼ばれる．微量の鉄とチタンを含み，青色のものはサファイヤ，微量のクロムを含み，赤色のものはルビーである．サファイヤの濃青色は，Al^{3+} の位置に微量の Ti^{4+} が入れ替わっているため，電荷のバランス上 Fe^{3+} の一部が Fe^{2+} となり，異なった酸化状態の鉄イオン間の相互作用によって発色すると考えられている．一方，ルビーの赤色は Al_2O_3 の O の配位子場により分裂した Cr のエネルギー準位間の電子遷移による（15.2節参照）．

8.3 13族元素と特異な共有結合

有機原子団の炭素原子に金属原子が結合した形の化合物を，有機金属化合物 (organometallic compound) という．アルミニウムの有機金属化合物に Al_2R_6（R はアルキル基 C_nH_{2n+1}）のような化合物がある．その分子は図8.2に示すように，アルキル基のうちの二つが二つの Al 原子を橋渡し (bridging) して四角形を形成し，両方の Al の外側に四角形の面に直交して二つずつの末端アルキル基 (terminal alkyl radical) が結合している．Al を橋渡し

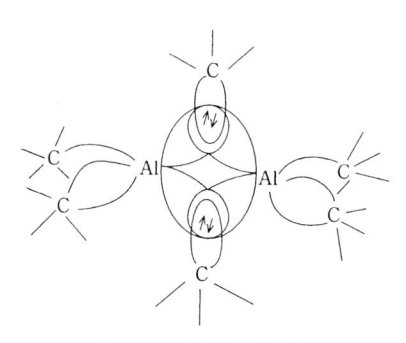

図8.2 3中心2電子結合

するのはアルキル基の根本の炭素原子であるが，アルミニウム原子には余分の電子がないため，炭素原子と二つのアルミニウム原子との計3個の原子のなす三角形の中央に電子対を収容し，共有する形で結合する．このような結合様式を3中心2電子結合という．これに対し，通常の共有結合は2中心2電子結合に相当する．

3中心2電子結合の特別の場合としてジボラン（B_2H_6）のような化合物があり，二つのB原子と一つのH原子とが3中心結合するが，このとき，Hは二つのBと三角形を作るのでなく，二つのBを結ぶ線上の近くに存在する．この型の結合をとくに"埋没"水素結合（enbedded hydrogen bond），またはバナナ結合と呼ぶことがある．

CやSiの四つの価電子は四面体型の共有結合を作るのに適しているが，BやAlは価電子が3個で1個足りない．これらの元素が上のような異常な結合の化合物を作るのは，この電子不足を補う意味があると見られ，それらを電子不足化合物（electron deficient compound）と呼ぶことがある．ただこのような「電子不足」は有機原子団と結合して四面体構造をとり続けることを前提とし，これらが合成試薬として使われるときは，分解してイオン性Al化合物を生じ，その際，むしろ電子供与性の強いR^-を生ずることを忘れてはならない．

例題 8.3 塩化アルミニウムは固体状態でも無極性溶媒中でもAl_2Cl_6として存在する．これも3中心2電子結合をもっているのだろうか？

［解答］ Al_2Cl_6も上に述べたAl_2R_6と似た構造をしているが，3中心2電子結合は有しない．橋かけの2個のCl^-は非共有電子対を持ち，これを供与すれば2個のAl原子を通常の2電子結合で橋かけできるからである．このように，3中心結合の生成はアルキル基の炭素のように橋掛けする原子に非共有電子対がないときに限られる．

─── ●まとめ ───
(1) 電子対はいつも原子の間で共有されるとは限らない．たとえばNH_3分子は一対の共有されてない電子対（非共有電子対）を持っている．

(2) NH_3 が陽子と結合してブレンステッドの共役酸 NH_4^+ を生じる反応を，ルイスは NH_3 が非共有電子対を提供して H^+ との間で共有すると考え，塩基とは電子対の供与体，酸とは電子対の受容体と考えることを提唱した．

(3) 13族のホウ素は三つの共有結合を作るが，なお一対の電子対を受け入れて四面体型化学種を作る傾向が強く，ルイス酸として働く．

(4) アルミニウムの化合物で古くから知られたものにミョウバン (alum) があり，アルミニウムの名もこれからきている．第4周期の Ga のほか，遷移元素の Ti, V, Cr, Fe などもこれと同形の化合物を作る．

(5) Al_2O_3 は鋼玉 (corundum) ともいい，微量の Fe と Ti を含み，美しい青色のものがサファイヤ，微量の Cr を含み，美しい赤色のがルビーである．

(6) 13族のホウ素やアルミニウムの水素化合物やアルキル化合物が2量体を作るときは，13族の2原子と水素あるいはアルキル炭素の計3原子の間で電子対を共有する，3中心2電子結合を作ることがある．

問　題

8.1　窒素を含む有機化合物 300 mg を秤りとって硫酸，硫酸銅(II)，および硫酸カリウムを加え，加熱して窒素の全量を硫酸アンモニウムに変えた．冷却後全体を水で薄め，十分量の水酸化ナトリウムを加えて蒸留器に入れて加熱して硫酸アンモニウムを分解し，発生するアンモニアおよび水蒸気をホウ酸を加えた水に吸収させた．これにメチルレッド溶液 2～3 滴を加え，0.100 mol/L の塩酸で滴定したところ，30.0 mL 加えたとき液が赤変した．もとの化合物中の窒素の含有％を求めよ（3.1節の本文参照）．

9. 元素, イオン間の相性と周期表

硝酸銀など銀イオン（Ag^+）を含む水溶液と塩化ナトリウムなど塩化物イオン（Cl^-）を含む水溶液を混ぜると塩化銀（$AgCl$）の白い沈殿ができる．これは塩化銀の溶解度が極めて小さいからであるが，「銀と塩素は仲がいいのかな」と思ったりする．確かに溶解度が小さいということは結晶状態のエネルギーが低いことを意味し，ある意味でイオン間の親和性が大きいと考えることができる．このようにいろいろな沈殿の溶解度の違い，あるいは親和性の違いを整理してみると，ある規則性があることが分かる．そしてその親和性は地球上でどの金属がどのような元素と結合して産出するかといったこととも関連している．

9.1 陽イオンの定性分析と元素の相性

金属塩類の水に対する溶解度は金属陽イオンと陰イオンの組み合わせにより大きく異なる．このため複数の陽イオンを含む水溶液に適当な陰イオンを含む溶液を加えるなどの操作により，いくつか特定のものだけを沈殿させて分離し，その陽イオンに特有の反応を利用して確認する操作を組み合わせて，含まれる成分の種類を知ることができる．このような操作を定性分析という．

よく使われる陽イオンの定性分析の一例として，陽イオンを次のスキームで6つの「族」に分離する．ただしこれらは先に述べた周期表の族とは関係ない．

1族　難溶な塩化物を作る陽イオンで，混合物溶液に塩化アンモニウムなど

可溶性の塩化物の溶液を加えて沈殿させる．

2族 1族塩化物をろ過して除いたろ液にその体積の1/40程度の濃塩酸を加えたのち，硫化水素ガス（H_2S）を通じるとき，硫化物として沈殿する．

3族 2族硫化物沈殿を除いたのち，ろ液を煮沸して硫化水素を完全に追いだし，アンモニア水を加えて水酸化物として沈殿させる．

4族 3族沈殿のろ液に硫化アンモニウムを加え，硫化物として沈殿させる．

5族 4族硫化物のろ液に炭酸アンモニウムを加えたとき炭酸塩として沈殿．

6族 5族炭酸塩沈殿を除いたろ液に含まれる陽イオン．

上の各族イオンの行動は多種，多様に見えるが，これらの行動は互いに無関係ではない．たとえば，溶けにくい塩化物を作る1族のAg^+やPb^{2+}はH_2Sを通じたとき硫化物も沈殿しやすい．一方，硫化物を沈殿しやすい陽イオンのなかにはHg^{2+}やCu^{2+}のように，塩化物イオン（Cl^-）と結合して可溶性の錯体を生成しやすいものも多い．錯体については第10章で述べるが，金属イオンと陰イオンや分子が結合してできる複合体のことである．たとえば，Cu^{2+}は青色であるがこれにCl^-を加えると緑色になり，この場合Cu^{2+}とCl^-が結合して新しい複合イオン（錯イオン）ができたことを表している．これらをまとめて考えると，1族，2族の陽イオンは塩化物イオン（Cl^-）や硫化物イオン（S^{2-}）のように半径が大きく，周期表では第3周期以下の非金属元素の作る陰イオンに対する親和性が強いといえる．このような陽イオンを軟らかい（ソフトな）陽イオンと呼ぶ．

一方，3族あるいは5族の陽イオンは硫化物を沈殿したりCl^-と結合する傾向は弱く，逆に半径が小さいF^-，O^{2-}，OH^-などに対する親和力が強いことが，難溶性のフッ化物や水酸化物を沈殿する傾向や，AlF_6^{3-}のような安定なフルオロ錯イオンを作る傾向から分かり，これらを硬い（ハードな）陽イオンと呼ぶ．

4族の陽イオンは中間の傾向を有し，双方の陰イオンに同程度の親和性を示す．

一方，Cl^-やS^{2-}などを軟かい陰イオン（またはルイス塩基），F^-やO^{2-}を硬い陰イオンという．陰陽イオン間は軟らかい同士，硬い同士親和性が強い．

例題9.1 塩化水銀(II)の水溶液はほとんど電気を通さない．また水への溶解度は，可溶性塩化物を加えると著しく増大する．その理由を考えよ．

[解答] 水溶液がほとんど電気を通さないことは，$HgCl_2$分子（一種の錯体）として溶け，電離していないことを示す．また溶解度が可溶性塩化物の添加で増えることは，$HgCl_n{}^{2-n}$のような錯陰イオンをつくることを示し，ともにHg^{2+}とCl^-の親和性，ひいては水銀イオンの軟らかさを示している．

例題9.2 硫酸銅水溶液に硫化水素を通じると，硫化銅が沈殿する反応は，$CuSO_4+H_2S \rightarrow CuS+H_2SO_4$ となり，弱い酸の硫化水素が強い酸の硫酸を追い出した形になっているが，どう説明すればよいか．

[解答] ブレンステッドの陽子酸の考え方の範囲内では強い酸は弱い酸を遊離させるという原則が成り立つが，酸・塩基を電子の供与と受容として考えるルイスの考え方では酸の強さだけが反応の方向を決めるわけでなく，軟らかい酸と軟らかい塩基の親和性も重要な因子になる．これはその典型的な例である．

地球上の元素のつきあい

ゴールドシュミット（Goldschmidt）は地球上の産出状況によって元素を分類し，銅，銀，水銀，硫黄のように硫化物鉱床に集中して産出されることの多い元素を親銅元素，マグネシウム，アルミニウム，チタン，酸素，ケイ素のように酸化物やケイ酸塩として産出しやすい元素を親石元素，鉄，スズ，金，白金のように金属単体として見つかるものを親鉄元素，また酸素，窒素，アルゴンのように大気圏に含まれることの多い元素を親気元素として分類した．

これらのうち，親銅元素は硫黄との親和性が強い元素，親石元素は酸素との親和性が強い元素と考えることができ，親銅元素の陽イオンは上述の軟らかい陽イオン，親石元素の陽イオンは硬い陽イオンにあたる．また親鉄元素の陽イオンにも軟らかい陽イオンが比較的多い．軟らかい，硬いの語は，相手方のイオンの電場などによる変形の起こりやすさの度合いを表す（図9.1，表9.1）．一般に親銅元素と親鉄元素の化合物は還元して金属を得ることが容易であり，古くから金属が知られていたのに対し，親石元素化合物の還元は一般に困難で，多くは19世紀になって溶融塩の電解で初めて金属が得られている．

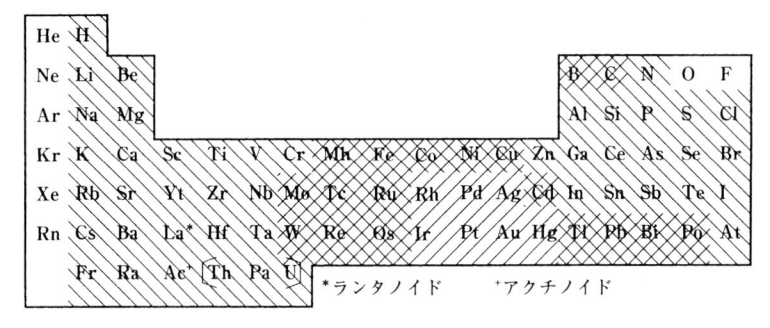

図9.1 ルイス酸の硬さ(a)と軟らかさ(b)
(Ahrland *et at.*: *Quarterly Reviews*, **12**, p. 267, 1958. より)

表9.1 元素の地球化学的分類

親 鉄	C P Fe Co Ni Ge Mo Ru Rh Pd Sn Ta Re Os Ir Pt Au
親 銅 いん石	P S V Cr Mn Cu Zn As Se Ag Cd Te
親 銅 地 殻	S Fe Co Ni Cu Zn Ga As Se Mo Rh Pd Ag Cd In Sb Te Hg Tl Pb Bi
親 石	Li Be B O F Na Mg Al Si Cl K Ca Sc Ti V Cr Mn Br Rb Sr Y Zr Nb I Cs Ba La 希土類 Hf Ta W Th U
親 気	H C N O Cl Br I 希ガス

9.2 15, 16族元素の概観

前節のイオンの硬さ，軟かさに関連して述べた第2周期と第3周期以下との違いは，他の種々の問題でも見られ，炭素，ケイ素間については前章で考察してきたが，これは15族と16族の単体や化合物間で特に顕著に現れる．すなわち，第2周期の窒素と酸素の単体はともに2原子分子からなる気体であるのに

対し，第3周期のリンと硫黄は原子同士が単結合で結ばれた固体の単体を作り，リンでは黄リン(白リン)，赤リン(紫リン)，黒リンなど，多様な同素体が，また硫黄も斜方硫黄，単斜硫黄，ゴム状硫黄などの同素体が知られている．また，空気中で燃えて酸性酸化物を生じるところもむしろ横同士が似ている．

窒素と水素からアンモニアを合成するハーバー‒ボッシュ（Haber-Bosch）法は高圧技術，原料確保方法，触媒などの面で大きな進歩を遂げたが，多くの場合300℃，400〜500気圧で酸化鉄(III)を主体とする触媒が用いられる．$N_2 + 3H_2 \rightarrow 2NH_3 + 46 \text{ kJ mol}^{-1}$ の反応式から分かるように，生成系への平衡移動はルシャトリエの法則により低温，高圧が有利のはずであるが，ある程度高温でないと反応は実質的に進まない．高圧は技術的な問題で上限がある．

窒素や酸素の水素化合物，およびそれらの誘導体は，非共有電子対を供与しようとするルイス塩基性が顕著で，広範な金属イオンと錯体を作る（次章参照）．事実，ウェルナー（Werner）が配位説を確立するに至る過程で題材として選んだ化合物の中には，アンモニアや水とその誘導体が作る金属錯体が圧倒的に多い．

リンやヒ素の水素化合物のホスフィン（PH_3）やアルシン（AsH_3）は，アンモニアや有機アミンと違い，第3周期以下のPやAsを配位原子とするため，軟らかい配位子として金属炭素結合を有する有機金属化合物を安定化する特徴がある．

窒素の酸素化合物には N_2O, NO, N_2O_3, NO_2, N_2O_4, N_2O_5 など多様なものが知られており，その主なものについては11.3節で述べる．

リンの酸化物には P_4O_6 と P_4O_{10} があるが，後者は強力な脱水剤である．

オキソ酸について見ると，硝酸イオン（NO_3^-）の構造は炭酸イオン同様平面三角形であるが，リン酸イオン（PO_4^{3-}）はケイ酸イオン（SiO_4^{4-}）同様四面体型で，Oを共有して多様な多量体を生じる点も横の類似が顕著である．その一種のポリリン酸の塩類は，硬水軟化作用を利用してボイラーの洗浄や洗剤への添加に使われる．

PCl_5 は $SiCl_4$ 同様加水分解して酸素酸と HCl を生じ，発煙性液体である．

窒素はタンパクやその構成要素のアミノ酸の不可欠な成分元素であり，リン

もエネルギー代謝の中心的役割を担う ATP や種々の酵素の中にリン酸エステルとして含まれるほか，脊椎動物の骨や歯の主成分であるヒドロキシリン灰石 (hydroxylapatite, $Ca_5OH(PO_4)_3$) に含まれる．とくに生物の遺伝で中心的役割をする核酸には窒素とリンの両方が含まれるなど，ともに生物での役割が大きい．

例題 9.3 銅や鉛の精錬では硫化物を一部を酸化して酸化物とし，残った硫化物とできた酸化物とを空気を絶って加熱することにより，金属と二酸化硫黄にするという巧妙な方法が古くから行われてきた．これを反応式で表せ．

[解答] 鉛の硫化物を主体とする方鉛鉱の処理を例にとると，

$$2\,PbS + 3\,O_2 \rightarrow 2\,PbO + 2\,SO_2\ ;\ 2\,PbO + PbS \rightarrow 3\,Pb + SO_2$$

鉛の場合は，このほか一部は硫酸鉛を経由する．銅の主要な鉱石は黄銅鉱 ($CuFeS_2$) なので，溶鉱炉で前処理して硫化物を分離したのち，上述のような部分酸化を利用して粗銅を作り，電解精錬する．またスズや鉛の酸化物の精錬は炭素との加熱によって行う．

試料中の硫黄を定量する方法として，封管中で硝酸と加熱して硫酸に変え，塩化バリウム溶液を加えて硫酸バリウムとして沈殿させる方法がある．これは原理的には簡単であるが問題も多い．まず硫酸バリウムを沈殿させるとき，試料溶液も塩化バリウム溶液も薄くし沸騰近くまで熱して混ぜないと，沈殿が細かくてこしにくく，他の塩類を伴って沈殿して結果が不正確になる．また沈殿をろ紙と焼くとき一部還元されて BaS になるので，あと硫酸で湿らせてから硫酸の煙が出なくなるまで注意深く熱し，デシケーター中で放冷して秤る．

9.3 希ガスの化合物と 17 族フッ素の特異性

すべての元素のうちで最も電気的陰性のフッ素単体は強い酸化力を示すほか，フッ化物イオンも他のハロゲン化物イオンといろいろ違った性質を示す．フッ化水素が弱い酸であることは，フッ素が第 2 周期に属し，陰イオンが小さくて「硬く」，小さい水素イオンとの親和性が強いことを示す (9.1 節参照)．

化学のひよどり越えと希ガス化合物

「鹿の越えゆくこの坂道，馬の越えない道理はない」と大将義経が真っ先に急坂を駆け下りて進撃したのは，神戸ひよどり越えの源平の合戦であるが，それから780年後の1962年バートレット（Bartlett）は六フッ化白金の強い酸化力に着目し，O_2 を酸化して O_2PtF_6 を作るのだから，O_2 とほとんど同じイオン化エネルギーをもつキセノンの陽イオンを含む化合物を作れるはずだとの発想から実験を試み，赤色結晶として $XePtF_6$ の生成を発表した．この物質はのちに Xe^+ を含むものではなく，XeF^+ を含むやや複雑な物質と考えられるようになったが，これが最初のキセノン化合物を含むことは事実で，これをきっかけに，キセノン化合物の合成が各地で試みられ，キセノンとフッ素（F_2）との直接反応で XeF_2，XeF_4，XeF_6 などのフッ化物を初め，フッ化物を経由して XeO_3 のような酸化物や，$Na_4XeO_6 \cdot 8H_2O$ のような酸素酸塩も得られている．

このようにして希ガスは化合物を作らないという「神話」は破られたが，合成にフッ素化などの手段が必要で，希ガスの原子が安定なことを否定しない．

これがガラスを溶かすのは，「硬い」ケイ素イオンと配位結合して安定な SiF_4 や SiF_6^{2-} を生じるためである．同様に硬いアルミニウムイオンが生じる安定な AlF_6^{3-} 錯体はアルミニウムの電解製錬に利用される．陰陽イオンの硬さ，軟らかさは，結合のイオン結合性，共有結合性の問題と関連している．すなわち硬い陰イオンは陰性の強い酸素やフッ素が電子をもらってできたもので，その電子は強く引きつけられている．また硬い陽イオンは小さいが陽性の強い金属のイオンで，与えた電子を電子対として共有する傾向は小さい．両者は強い静電引力で結ばれ，安定なイオン結合性 CaF_2，あるいは錯イオン AlF_6^{3-} を生成する．

一方，軟らかい陰イオンは S^{2-} のように半径が大きくて再酸化されて単体に戻りやすく，もらった電子を保持する傾向は弱い．一方，Cu^{2+} のような軟らかい陽イオンは還元されて金属に戻りやすく，失った電子に「未練」を残している．これらが CuS のような沈殿を作ると，純粋なイオン結晶というよりは，電子対が両原子間にきて結合は共有結合的となり，これがむしろ安定化を助けている．

●まとめ

(1) 第3周期以下の非金属の陰イオンの Cl^- や S^{2-} などを軟らかい陰イオン，それらと親和性を示す金属イオンを軟らかい陽イオンという．一方，第2周期の非金属の陰イオンである F^- や OH^- などを硬い陰イオン，それらと親和性を示す金属イオンを硬い陽イオンという．

(2) 硬い陽イオンと硬い陰イオンとの結合はイオン性が強く，軟らかい陽イオンと軟らかい陰イオンとの結合は共有結合の性格を帯びる．

(3) 軟らかい陽イオンをつくる金属は硫化物として産出することが多く，その多くは古くから金属として知られていた．硬い陽イオンをつくる金属は酸化物またはケイ酸塩として産出するものが多く，それらの多くは19世紀以後電気分解で初めて金属として単離された．

(4) 希ガスは化合物を作らないと思われてきたが，1962年以降フッ素との反応を経由してキセノンの化合物がいくつか作られている．

問題

9.1 硫黄を含む試料 0.300 g を封管中硝酸と加熱して硫黄を硫酸に変え，薄めてから塩化バリウムの薄い熱溶液を加えて $BaSO_4$ を沈殿させて秤ったところ 0.233 g あった．試料中の硫黄の含有%を求めよ（9.2節参照）．

9.2 硝酸イオンの定量は，これをアルカリ性溶液中で銅－アルミニウム合金粉末と加熱蒸留してアンモニアに還元し，これを滴定して求められる．0.325 g の試料からこのようにして発生したアンモニアが 0.00112 mol あったとすれば，試料中に硝酸イオンは何%含まれていたか．

10. 配位化合物

　19世紀に有機化学は天然物の探求から新化合物の合成へと幅を広げ，同時にファントホッフ（van't Hoff）の炭素四面体結合説とそれに基づく光学活性の説明により，その構造上の知識は大きく進歩した．それに比べ，19世紀末になっても無機化合物の構造についてはほとんど不明で，曖昧な憶測の域を出なかった．この分野に風穴を開けたのが普仏戦争でフランスからプロシャに編入されたアルザス地方に生まれ，若くしてスイスのチューリッヒ工科大学に迎えられたウェルナーであった．この章ではまず彼の配位説誕生の前後の状況と考え方の概要を述べ，ついでその化学結合論的な基礎としての配位結合，つまり配位子から裸の金属イオンへの電子対供与の考え方の概要を述べる．そして最後に，第二次大戦前後に同じチューリッヒ工科大学で，シュワルツェンバッハによって開発されたキレート滴定法の金属分析での有用性と，機器を用いる分析の概要を紹介する．

10.1　ウェルナーの配位説

　19世紀末になって多くの有機化合物分子の構造が明らかにされたのに対し，無機化合物の構造は簡単な二元化合物以外は不明の部分が多かった．たとえば，塩化コバルト(III)とアンモニアとが結合した形の化合物として，$CoCl_3(NH_3)_6$（黄橙色），$CoCl_3(NH_3)_5$（紫色），$CoCl_3(NH_3)_4$（緑色）のように組成と色彩の多様なものが知られていたほか，クロム，イリジウム，白金などでも類似の化合物が多数知られていて，多くの無機化学者の関心を引き，広く研究

10.1 ウェルナーの配位説

されていた.これらの化合物では金属塩類もアンモニアもそれぞれ原子価が「飽和」されているので,どうしてそれら同士がさらに結合するのか,理由はまったく不明であった.当時アンモニアが酸と反応してアンモニウム塩を作るのは,窒素がIII価からV価になって水素および非金属原子と新たに結合するとして説明されていたので,これらの化合物でも,アンモニアの窒素原子がV価になって金属原子と非金属原子との間に割って入るような鎖状の構造が考えられたりした.この間,ヨルゲンセン(Jørgensen)らの精力的な実験研究により多くの新しい化合物が作られ,新しい知見が蓄積されていた.たとえばこれらの化合物の新しい水溶液に硝酸銀を加えると,前述の$CoCl_3(NH_3)_6$ではすべての Cl が AgCl として沈殿するのに対し,$CoCl_3(NH_3)_5$ では2個,$CoCl_3(NH_3)_4$ では1個の Cl だけが AgCl を沈殿することが分かった.ヨルゲンセンは硝酸銀を加えても塩化銀を沈殿しない塩素原子は直接金属原子に結合し,一方,塩化銀を沈殿する塩素原子は上述のような NH_3 の鎖を介して結合しているとしてこれを説明しようとした.

1893年,当時27歳のウェルナー(Werner)は「無機化合物の成り立ちについての提言」と題する論文の中で,これら金属アンモニア化合物の広範囲の情報を整理,検討した.そして金属原子には Cl や NO_2 などの陰性の原子や原子団(基)のほか,NH_3 や H_2O など中性の分子が直接結合することができ,その総数は多くの場合6であると指摘し,それらは金属原子のまわりの定位置,たとえば八面体の各頂点に位置して金属原子との間で結合を生じると考え,これを座標(Koordinate)に因んで配位(Koordination)と名付け,一つの金属原子に配位できる原子や原子団の総数を配位数(Koordinationszahl)と呼んだ.そして金属に配位した陰性の基は水溶液の中でイオンにならず,そのような Cl は硝酸銀で AgCl を沈殿しないが,配位していない Cl は水溶液中でイオンとなり,塩化銀を沈殿すると考えた.また金属原子とこれに配位する原子や原子団からなる(MA_6)のような単位を錯体(Komplex)と呼んだ.その後しばらくして彼はこのような Komplex を [ ] 内に入れて,$[Co(NH_3)_6]Cl_3$,$[ClCo(NH_3)_5]Cl_2$ のように表す,現在も使われる表記法を使うようになった(図10.1参照).

また白金錯体には4価と2価のものがあり,4価のものは H_2PtCl_6 のような

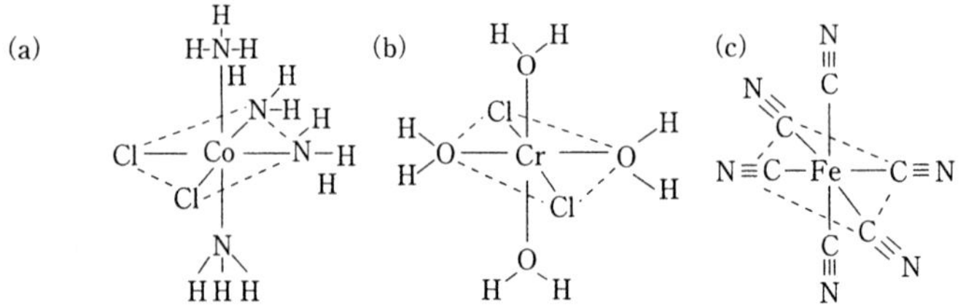

(a) シスジクロロテトラアンミンコバルト(III)イオン	(b) トランスジクロロテトラアクアクロム(III)イオン	(c) ヘキサシアノ鉄(II)酸イオン
(d) シスジクロロエチレンジアミン白金(II)	(e) ヘキサクロロ白金(IV)酸イオン	(f) テトラクロロ金(III)酸イオン

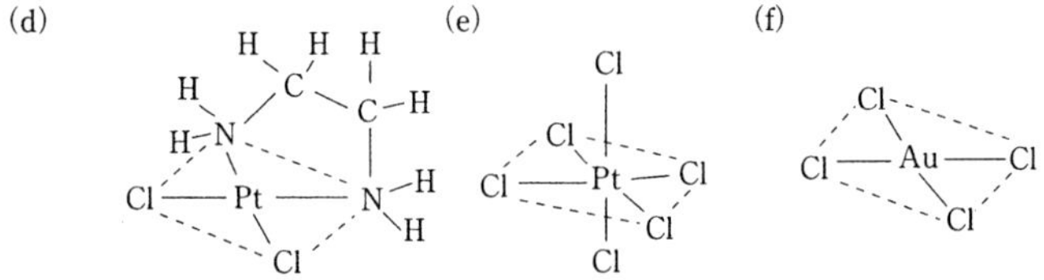

図 10.1 いろいろな金属錯体の構造

配位数 6 の八面体錯体を生じる一方で, 2 価のものは $PtCl_2(NH_3)_2$ のような 4 配位の錯体を生じ, この組成の化合物に 2 種類の異性体があるのは, これらが平面四角形構造をとり, 2 つの Cl 原子が隣同士にあるシス型か, 対角線上にあるトランス型かの違いであろうとした. その 1 世紀近くのちに, シス型の"シスプラチン" $PtCl_2(NH_3)_2$ に制癌性が認められ, 誘導体が薬用に供せられている.

彼はまた塩化クロム(III)水和物 ($CrCl_3 \cdot 6H_2O$) に紫色のものと緑色のものとがあるが, 前者では 3 つの Cl がすべて塩化銀として沈殿するのに, 後者では一部の Cl が沈殿しないのは, この Cl が Cr に配位しているためであるとした.

ウェルナーが配位説に到達するに当たって大きな役割を果たしたと思われるものにアレニウスの電離説と有機化合物の構造論, とくに炭素の四面体構造と対掌体の考えに基づく光学活性の説明と光学異性体の分割がある.

1893 年発表の時点で, ウェルナーの配位説はそれまでの考えを根底から変

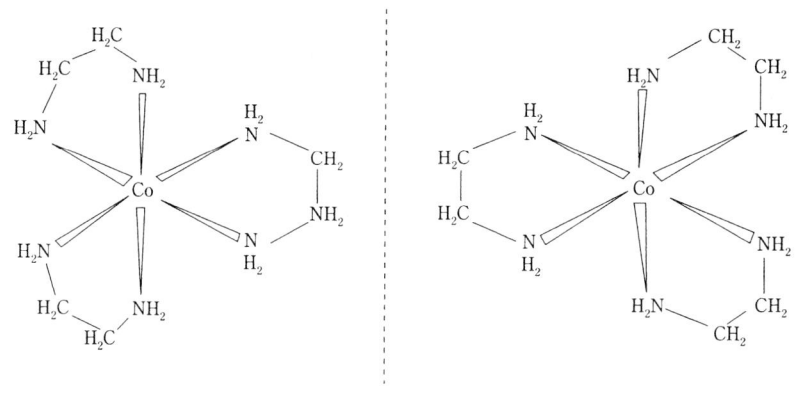

図 10.2 [Co(en)₃]³⁺ の対掌体

える画期的なものであっただけに，すべての人を納得させるには不十分な点も多かった．まず彼の説から予想される異性体のすべてが単離されていたわけではなく，また異性体の存在は知られていても，それがどの構造に対応するかを決めるのは，物理化学的な手段がほとんどなく，純粋に化学的手段に頼らねばならなかった当時としては，想像を絶する大変な仕事であった．しかし一方では彼の説を信奉する多数の協力者に恵まれ，目覚ましい成果が挙げられていった．

なかでも特筆すべきは配位構造から予想される光学異性体の分割の仕事だった．それとても，金属に結合する有機物から生じるという反論もあり，純粋に無機的な光学活性の錯体の分割によって，初めて最終的な決着を見たのである．

例題 10.1 次のa), b)の錯体各 1 mol を水に溶かして十分量の硝酸銀水溶液を加えるとき，それぞれ何 mol の塩化銀が沈殿するか．

a) [CoCl(NH$_3$)$_5$]Cl$_2$，　b) [Pt(NH$_3$)$_6$]Cl$_4$

[解答] 配位圏の外の Cl だけが AgCl を沈殿するから，a)は 2 mol，b)は 4 mol．

例題 10.2 [Co(en)$_3$]Cl$_3$ に光学異性体，つまり互いに鏡像関係にあって重ね合わすことのできない一対があることを示せ．ただし en=H$_2$N(CH$_2$)$_2$NH$_2$

である.

　[解答]　図 10.2 を見ていただきたい.

　もう一つの問題点は配位結合という今までなかった考えの導入である．これによって驚くほど多くの実験事実が説明されたものの，この結合力が何に起因するかの疑問は未解決であった．これに対して次節で述べる電子対供与による配位結合の理論が出されたのはウェルナーの没後数年後のことである．
　ここでお断りしておかねばならない．それは配位結合している塩素原子はいつも硝酸銀によって塩化銀を沈殿しないとは限らないことである．たとえば黄色の錯体 K_2CuCl_4 の結晶は $[CuCl_4]^{2-}$ のようなイオンを含むことが分かっているが，これを水に溶かすと青色の水溶液が得られ，その段階で上記錯陰イオンは分解して大部分が銅(II)イオンと塩化物イオンに分解しており，したがってこれに硝酸銀水溶液を加えると Cl は完全に AgCl として沈殿する．つまり錯体の中にはこのようにもろくて壊れやすいものも多い．これは配位子の置換がたやすく起こるからで，このような錯体を置換活性錯体 (substitution-labile complex) という．これに対し，先に挙げた多くのコバルト(III)錯体では，配位子の置換速度が極めて遅くて配位した Cl がなかなか離れないために，塩化銀を沈殿しにくく，そのような錯体を置換不活性錯体 (substitution-inert complex) という．ウェルナーが研究した錯体の多くが置換不活性だったことは，配位説の誕生に大きくプラスに働いたわけである．

10.2　ルイス酸としての「単純陽イオン」と錯形成

　配位説では金属イオンと配位子との間に結合ができると考えるわけであるが，そのためにうってつけのモデルが陽子とアンモニア分子との間にできるような電子対供与結合である．錯塩を作りやすいような多価のイオンは複数の電子を放出してかなりの電子不足に陥っている．「おれは金属だ．電子の一つや二つくらい」と男気？を出して電子の着物を脱いで裸になってみたものの，やっぱり寒すぎる．そこで配位子となるアンモニアや水分子，それに陰イオンなどに頼んで，遊んでいる電子対の着物を借りて共有しましょうというわけであ

る．金属原子が電子を放出したあと，何者とも結合していない陽イオンを単純陽イオン（simple cation）または気状陽イオン（gaseous cation）というが，これは弧光（arc）や火花（spark）の中などでしかできないエネルギーの高い不安定な状態で，それらが<u>ルイス酸として</u>，水分子，アミン，陰イオンなどの<u>ルイス塩基から</u>非共有電子対を受け入れてできるのが配位結合（coordinate bond）と考えられる．

アルミニウムの電解製錬の際，融点が低くて電気伝導性のよい，いわゆる氷晶石（Na_3AlF_6）に酸化アルミニウムを溶かして電気分解を行うが，この氷晶石に含まれる $[AlF_6]^{3-}$ イオンも，上述の気状陽イオンである Al^{3+} に 6 個のフッ化物イオン（F^-）が配位してできた錯イオンである．またこの電解製錬の準備段階として，アルミニウムの鉱石ボーキサイト（$Al_2O_3 \cdot nH_2O$）の中の不純物である酸化鉄などを除去するため，鉱石を水酸化ナトリウム溶液に溶かしたときできるとされるアルミン酸イオンも，Al^{3+} に OH^- と H_2O が配位してできる $[Al(OH)_4(H_2O)_2]^-$ のような錯イオンと考えられている．この溶液をろ過して不溶性の酸化鉄などを除き，二酸化炭素を吹き込むと，アルカリ性が弱められて錯イオンが分解し，純粋な $Al_2O_3 \cdot nH_2O$ が沈殿するので，これを十分水洗し，加熱乾燥して電解用の原料とするのである．

また先に述べたフッ化ホウ素（BF_3）はフッ化物と反応して，BF_4^- のような陰イオンを生じやすいが，これはルイス酸としての BF_3 がルイス塩基，つまり電子対供与体としてのフッ化物イオン（F^-）から電子対を受け入れてできたと考えられる一方で，仮想的な陽イオン B^{3+} が 4 個の F^- から電子対を受け入れてできた錯イオンの一種と考えることもできる．同様に，フッ化ケイ素（SiF_4）はフッ化水素酸と反応して H_2SiF_6 のような強酸を生成するが，これも SiF_4 が 2 個の F^- から電子対を受け入れてできたと考えられる一方で，仮想的な Si^{4+} に 6 個の F^- が配位してできたと考えることもできる．なお BF_3 の場合は B の電子式の一方が空いていて電子対を受け入れるルイス酸としての性格がはっきり分かるが，SiF_4 の場合は 8 個の電子が共有されて，電子対受け入れの余地はないかに見える．しかし Si の場合は 6 個の配位結合を作れることが知られており，この例はこれにあたると考えられる．このように配位座を拡張し，配位数を増やすことのできる分子やイオンも，電子対を受け入れ

るルイス酸として働くことは 8.1 節でも触れておいた．

10.3　キレート滴定法と機器分析

　配位子の中にはグリシン（H_2NCH_2COOH）などアミノ酸やその陰イオン，またはエチレンジアミン（$H_2NCH_2CH_2NH_2$）などのように 1 つの分子やイオンの中に 2 つ以上の配位原子を持つものが少なくなく，これらを多座配位子という．多座配位子の作る金属錯体は，カニがはさみで金属イオンをはさみこんだような形になるので，金属キレート化合物（metal chelate compound）と呼ぶ．中でも広く用いられるのが，エチレンジアミン四酢酸（ethylenediaminetetraacetic acid, EDTA と略記）で，工業的に障害となる金属イオンの補足剤として使われ，シュバルツェンバッハ（Schwarzenbach）が錯形成滴定に応用して以来金属分析に不可欠の試薬となった．

　図 10.3 に EDTA の作る八面体錯体の二つの配位形式を示す．左は EDTA が六座配位子として働く場合，右は五座配位子として働き，他の 1 カ所を別の単座配位子が占めるもので，いずれの場合にも，金属イオンと配位子との比が 1 : 1 で，安定度は大きいが，とくに後者の方が歪みが少なく安定である．

　これを利用して滴定を行うには，金属イオンと配位結合して発色するが，その生成定数が EDTA よりは小さいキレート化剤溶液の少量を指示薬として加え，緩衝溶液を加えて pH を調節たのち，EDTA 二ナトリウム塩の標準溶液を滴下していき，すべての金属イオンが結合して指示薬が変色した点を終点とする．

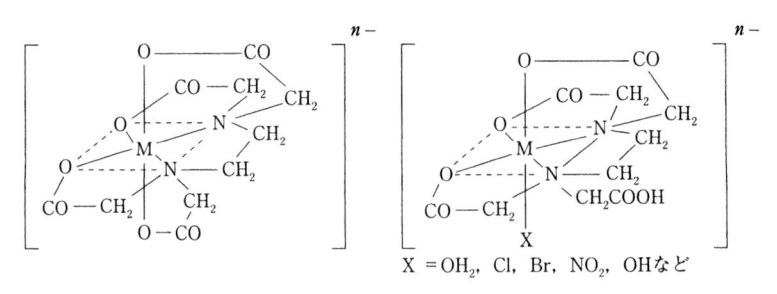

X = OH_2, Cl, Br, NO_2, OH など

図 10.3　EDTA の六配位錯体の二つの配位形式

例題10.3 $MgSO_4$ 0.1204 g を水に溶かし,キレート指示薬を加えたのち,濃度未知の EDTA 溶液を滴下したところ,10.0 mL 加えたとき指示薬の変色が見られた.EDTA のモル濃度はどれだけか.

[解答] $MgSO_4$ の式量は 24.3+32.1+64.0=120.4 であるから,0.1204 g は 0.00100 mol である.$MgSO_4$ は EDTA と 1：1 の物質量比で反応するから,滴定に要した EDTA 溶液 10.0 mL=0.010 L にも等モルの EDTA が含まれていたことになる.そのモル濃度は,0.00100/0.0100=0.100 [mol/L] である.

金属分析の新旧花形選手

キレート滴定法は薬品が安価で何ら特別の装置を必要とせず,しかも簡単な操作で正確な結果が得られるため,一般に広く利用されるが,その唯一の弱点は試薬が金属イオンに対して非特異的な点である.このため,あらかじめ金属イオンを分離してから各イオンについて滴定するか,全金属イオンの物質量の総和を求めたのち,適当な隠蔽剤（特定のイオンのみを覆い隠して反応させなくする薬品）を用いて特定のイオンの量を求めたり,他の分析結果と組合せるなどの工夫が必要なことが多い.キレート滴定法と対照的なのは,原子スペクトル分析で,これには金属塩類試料を高温で気化し,その中を白色光を通じて試料による選択吸収の波長と吸光度から元素の量を求める原子吸光法と,多量のエネルギーを与えて発する光の強度分布から含有量を知る原子発光分光法とがある.原理は古くから分かっていて定性的には広く利用されていたが,測定値を含有量と定量的に対応させるための高度な技術が要求され,とくに発光法の場合,装置が大型で高価になることが避けがたかった.しかし,技術の進歩とともに,それらの装置の利用もようやく一般的になりつつある.特殊で高度な金属分析では,このほか放射化分析や放射光分析なども有用である.これら元素の含量を測定する目的のほか,構造や状態の手がかりを得るための,可視紫外吸収,赤外線吸収,核磁気共鳴吸収なども「機器分析」と呼ばれるが,これらについてはそれぞれの専門書を参照されたい.

例題10.4 ある金属粉末 28.1 mg を希硝酸に溶かし,水で薄めてから pH を調節したのちキレート指示薬を加え,0.0100 mol/L の EDTA 溶液で滴定したところ,25.0 mL 加えたとき変色した.この金属は何と考えられるか.

[解答] 採取した 28.1 mg の金属は，$0.0100 \times 0.025 = 0.00025$ mol になるから，1 mol は $0.0281 \div 0.00025 = 112.4$ で，これが原子量になるから，巻末の原子量表から，この金属はカドミウムであることが分かる．

●まとめ

(1) 19世紀末頃，コバルト，クロム，白金などの重金属塩類にさらにアンモニア分子やシアン化物イオンなどが結合した形の複雑な化合物が多く合成されていたが，その成り立ちは不明であった．

(2) ウェルナーはこれらの化合物中では金属のまわりの定位置に決まった数のアンモニア，水分子，陰イオンなどが直接立体的に結合すると考え，これを配位と呼んだ．また中心金属に結合できる原子の数を配位数と呼んだ．

(3) 塩素を含むこのような化合物では，その水溶液に硝酸銀を加えるとき，塩化銀として沈殿する塩素としない塩素とがあるが，塩化銀を沈殿しない塩素原子は中心の金属原子に直接結合していると考えた．

(4) ウェルナーはこの配位説を立証するために協力者とともに膨大な実験を行い，とくに有機配位子を含まない光学活性錯体の合成に成功して以来，彼の説は一般に認められるようになった．

(5) 金属イオンと配位子との配位結合は，配位子の非共有電子対が金属イオンに供与されるとして説明される．

(6) 一つの配位子が2個以上の原子で配位するキレートの生成を利用する滴定法は，広い範囲の金属の定量に利用できる．

問　題

10.1 次の a)～c) の錯体内の中心金属の配位数はどれだけか．
　　a) $[CoCl(NH_3)_5]Cl_2$，　b) $K_4[Mo(CN)_8]$，　c) $[PtCl_2(NH_3)_2]$

10.2 $PtCl_2(NH_3)_2$ の組成の錯体の二つの異性体の構造式を書け．

10.3 $[CoCl_2(NH_3)_4]^+$ の二つの異性体を斜め上から眺めた図を元素記号を用いて書け．ただし Co と二つの Cl が見えるようにし，裏は省略してよい．

11. 無機化合物の化学式と名称

　無機化学の理解には，無機化合物の式と名称の正確な知識が不可欠である．本章ではこれを説明するが，漫然と読んでいても覚えられるものでないから，例に挙げた化合物はすべて「例題」と考え，その式を別紙に書き出し，本書を見ないで名称を書くとか，名称から式を導くなどの練習を十分にやってみてほしい．

11.1　簡単な無機化合物の化学式と名称

11.1.1　二つの元素からなる化合物と単一の元素からなるイオンの場合

　二つの元素からなる化合物の式は，陽性元素の元素記号を先に，陰性元素の元素記号を後に書き，各元素記号の右下に原子数を添える．単一の元素からなるイオンの式は元素記号の右上に価数のアラビア数字に符号を付けて添える．
　日本語名では陰性元素の語幹に「化」を付けて先に書き，次いで金属元素の名称をそのまま書く．金属元素の酸化数に2種類以上あるときは最後に（　）内に酸化数をローマ数字で記す．陽イオンの名称は元素名に「イオン」を付けて表す．酸化数が必要なら元素名のうしろの（　）内にローマ数字で記し，最後にイオンを付ける．単原子陰イオンは非金属名の語幹に，「化物イオン」を添える．
　英語名ではまず陽性元素名を先に書き，必要ならローマ数字の酸化数を（　）内に記して添え，次いで陰性元素の語幹に"ide"を付けて書く．イオンの名は化合物名の陽性部分，陰性部分の語のそれぞれに続いてionを添えれば

よい．

[例] CaCl$_2$, 塩化カルシウム,   calcium chloride
   Ca^{2+}, カルシウムイオン, calcium ion
   Cl$^-$,   塩化物イオン,   chloride ion
   FeBr$_3$, 臭化鉄(III),   iron(III) bromide
   Fe^{3+}, 鉄(III)イオン,   iron(III) ion
   Br$^-$,   臭化物イオン,   bromide ion

表11.1 ギリシャ系接頭語

原子数比	ギリシャ系接頭語	原子数比	ギリシャ系接頭語
1	mono (モノ)	6	hexa (ヘキサ)
2	di (ジ)	7	hepta (ヘプタ)
3	tri (トリ)	8	octa (オクタ)
4	tetra (テトラ)	9	nona (ノナ)
5	penta (ペンタ)	10	deca (デカ)

酸化数が決めにくいときは，原子数比を，英語ではギリシャ系接頭語（表11.1参照）を付けて表す．日本語では漢数字を付ける．イオン結晶でなく，分子結晶として存在し，係数が最も簡単な整数比でない場合，分子式で表すことも組成式で表すこともある．

[例] Fe$_3$O$_4$, 四酸化三鉄,   triiron tetraoxide
   AlCl$_3$, 塩化アルミニウム, aluminum chloride
またはAl$_2$Cl$_6$, 六塩化二アルミニウム*, dialuminum hexachloride

非金属間の化合物では，次の系列で前のものを陽性元素に準じて書き，あとの方のものを陰性元素に準じて書く：

Rn, Xe, Kr, B, Si, C, Sb, As, P, N, H, Te, Se, S, At, I, Br, Cl, O, F

[例] P$_2$O$_5$, 酸化リン(V), phosphorus(V) oxide
             （通称，五酸化リン）
  またはP$_4$O$_{10}$, 十酸化四リン*, tetraphosphorus decaoxide

*実際の分子はこれである．

11.1.2 2種以上の元素からなる陰イオン，およびそれらを含む化合物の場合
a． 第1方式
原子団の通称を用い，単原子陰イオンと同じ形式で命名する．

[例] 　KCN，　　　シアン化カリウム，　　potassium cyanide
　　　N_3^-，　　　アジ化物イオン，　　　azide ion
　　　OH^-，　　　水酸化物イオン，　　　hydroxide ion

b． 第2方式
酸から誘導される陰イオン，例えば，硫酸イオン，酢酸イオンなどを含む化合物の命名に使う．日本語ではまず酸の名前を記し，次いで陽性元素の名を書く．英語では陽性元素名の後に酸の名の語幹に ate を付けたものを書く．

[例] 　$Ti_2(SO_4)_3$，　　硫酸チタン(III)，　　titanium(III) sulfate
　　　CH_3COOH，　　酢酸，　　　　　　acetic acid
　　　CH_3COO^-，　　酢酸イオン，　　　acetate ion
　　　$(COOH)_2$，　　シュウ酸，　　　　oxalic acid
　　　$C_2O_4^{2-}$，　　　シュウ酸イオン，　oxalte ion

11.2　金属錯体の化学式と名称

配位化合物には中心金属とこれに直接結合する原子や原子団，つまり配位子とが全体として中性の錯体分子を作る非電解質型，中心金属と配位子が錯陽イオンを作り，配位圏外の陰イオンと結晶を作る錯陽イオン型，中心金属と配位子とが錯陰イオンを作り，外圏陽イオンと結晶を作る錯陰イオン型がある．

11.2.1　非電解質型錯体の化学式と命名法

化　学　式	日　本　名	米　名
金属原子の後に配位子の荷電が－のもの，＋のもの，中性のものを書き，[ ]に入れる	配位子を最初に書くが，順番は式と同じ．次に金属，必要なら酸化数を( )内に入れる．	先ず配位子名をアルファベット順に書く．配位子の数は前節の接頭語で表す．次に金属(酸化数)．

錯陽イオン型，錯陰イオン型でも同じだが，同じ原子や分子でも，配位子の場合別名を使うことが多い．例えば，

表 11.2 通常の分子名と配位子としての名称

化学式	分子名	配位子名	同英名
H_2O	水	アクア	aqua
NH_3	アンモニア	アンミン	ammine
NO	一酸化窒素	ニトロシル	nitrosyl
CO	一酸化炭素	カルボニル	carbonyl
$H_2NCH_2CH_2NH_2$	エチレンジアミン	エチレンジアミン	ethylenediamine

表 11.3 通常のイオン名と配位子としての名称

化学式	イオン名	配位子名	同英名
F^-	フッ化物	フルオロ	fluroro
Cl^-	塩化物	クロロ	chloro
Br^-	臭化物	ブロモ	bromo
I^-	ヨウ化物	ヨード	iodo
OH^-	水酸化物	ヒドロキソ	hydroxo
CN^-	シアン化物	シアノ	cyano
SCN^-	チオシアン酸	チオシアナト	thiocyanato
NCS^-	チオシアン酸	イソチオシアナト	isothiocyanato
NO_2^-	亜硝酸	ニトロ	nitro
ONO^-	亜硝酸	ニトリト	nitrito
NO_3^-	硝酸	ニトラト	nitrato
CH_3COO^-	酢酸	アセタト	acetato
CO_3^{2-}	炭酸	カルボナト	carbonato
$C_2O_4^{2-}$	シュウ酸	オキサラト	oxalato
SO_4^{2-}	硫酸	スルファト	sulfato
$S_2O_3^{2-}$	チオ硫酸	チオスルファト	thiosulfato

電気的中性錯体（非電解質型錯体）の例：

 $[Co(NO_2)_3(NH_3)_3]$　　　トリニトロトリアンミンコバルト(III)

        trinitrotriammineccobalt(III)

 $[PtCl_2en]$　　　　　　　ジクロロジエチレンジアミン白金(II)

 (en は $H_2CH_2CH_2NH$ の略記号)　dichloroethylenediamineplatinum(II)

非電解質型錯体の命名はこれで終わる．

11.2.2 錯陽イオン型錯体の式と命名法

まず非電解質型のときと同じ要領で錯陽イオンの式または名称を記す．式の場合はこれを [ ] 内に入れ，右に外圏陰イオンの式と数を書く．名称では錯陽イオンの名称に続き外圏陰イオンの名前を続ける．この順序は日本名でも米名でも同じになる．先の 11.1 節に述べた簡単な化合物（錯体以外）では日本名のみ陰イオン名を先に付けた．さらに今回の配位化合物では外圏イオンは，Cl：塩化物，SO_4：硫酸塩と「物」や「塩」が付く．

[例] [CrCl(NH_3)$_5$]Cl_2 クロロペンタアンミンクロム(III)塩化物
　　　　　　　　　　　　chloropentaamminechromium(III)　chloride
　　　[Ni(en)$_3$](SCN)$_2$ トリス(エチレンジアミン)ニッケル(II)チオシアン酸塩
　　　　　　　　　　　　tris(ethylenediamine)nickel(II)　thiocyanate

上の例で見るように，複雑な配位子の数を表すには，配位子の名を（ ）で囲み，その前に先に述べた接頭語とは違った，次の接頭語を付ける．
2 ビス bis，3 トリス tris，4 テトラキス tetrakis，5 ペンタキス pentakis

11.2.3 錯陰イオン型錯体の式と命名法

化学式ではまず外圏陽イオンを書き，続いて錯陰イオン内の配位子と金属を先と同じ要領で書く．日本名ではまず錯陰イオン内の配位子名，ついで金属元素名に，必要なら酸化数を付けたものを書き，語尾に「酸」を付ける．最後に外圏陽イオン名を続ける．米名では初に外圏陽イオンを記したあと錯陰イオン内の配位子名に続き，中心金属をラテン名の語幹に"ate"を付けて表す．

[例] K_3[Ag(S_2O_3)$_2$]，　ビス(チオスルファト)銀(I)酸カリウム
　　　　　　　　　　potassium bis(thiosulfato)argentate(I)

11.3 窒素酸化物の化学

窒素酸化物でまず思い浮かべるのが大気汚染物質としての役割で，その最も一般的な発生源は車のエンジンとされ，その発生防止は自動車工業の大きな課題の一つである．ガソリンに窒素は含まれないから，これはガソリンの燃焼に

伴う高温で空気中の窒素と酸素が化合してできるということになる．燃焼に限らず高温が発生すれば，収率は低いが酸化窒素の生成は容易に起こる．たとえば自然現象で雷が一酸化窒素（NO）を作り，これが酸素と水により硝酸となって自然の肥料として働ていることは古くからいわれてきた．石英を打ち合わせると火花が出るが，これに鼻を近付けると煙硝の匂いがする．石英自身は純粋な二酸化ケイ素で揮発物は含まれず，これも高温で窒素と酸素が化合してNOを生ずるためと考えられる．また実験室で簡単にNOを発生させるのによく使われるのは，銅を中程度の濃さの硝酸に溶かす反応であり，この反応式は古くは「三斗八升の方程式」と呼ばれた（反応式を考えるか，教科書，参考書で探して見よ）．

窒素酸化物はよくNO_xと書かれるが，多くの場合，最初にできるのはNOで，これは空気中で酸素と化合してNO_2となるため，まとめて表すのである．

一酸化窒素は工業的に硝酸その他の窒素源として重要で，現在はオストワルド法（Ostwald process）により，白金，あるいは酸化鉄-酸化ビスマスを触媒とし，700〜1100℃でアンモニアを酸化して作られる．

二酸化窒素は褐色の気体で，一酸化窒素が酸素に触れるとできるほか，銅に濃厚な硝酸を働かせるときにも生成する．二酸化窒素は冷却あるいは圧縮すると四酸化二窒素N_2O_4となり，両者は平衡にある．面白いことにこの平衡は液化後にももち越され，少量のNO_2を含む黄色の液体が生成するが，温度を下げるとだんだん色が薄くなり，-9.3℃では無色のN_2O_4の結晶になる．

例題 11.1 NO_2とN_2O_4の平衡をルシャトリエの法則から考えて見よ．

［解答］答えはすでに上の文章から明らかだろう．二酸化窒素を圧縮すると四酸化二窒素が増えることは体積変化とルシャトリエの原理から考えて当然である．また冷却しても四酸化二窒素が増えることは，この二量体化が発熱反応であることを示している．

NOは配位子として遷移金属に結合する傾向も強く，$[MNO(NH_3)_5]X_n$型や$K_n[MNO(CN)_5]$型などの化合物ができる．ただこれら錯イオンの中で

NO がどのような酸化状態にあるか決めにくいことが多い．そのため前節に述べたような金属原子 M の酸化数は明示せず，NO をニトロシルと呼び，錯イオンの価数を（ ）内にアラビア数字で示す方式も用いられる．

［例］ニトロシルペンタアンミン M(n+) X 化物．

ニトログリセリンとバイアグラ

ノーベル財団の設立者アルフレッドノーベルは狭心症で倒れたとき，医師が処方したニトログリセリンは頭痛を起こすといって飲むことを拒否したという．その頃からダイナマイトの原料であるニトログリセリンはその作用機序がはっきりしないまま，狭心症の特効薬としての地位を保ちつづけてきた．それが最近になって種々の生体機能における一酸化窒素（NO）の役割の解明とともに，ニトログリセリンが NO を放出して生理的に重要な物質の生成酵素を活性化し，平滑筋弛緩により血管を拡張するという働きが分かってきた．

また生体の自然の機能でも，各種の器官で種々の材料から NO が作られて重要な働きすることが分かってきた．たとえば脳でもある種のアミノ酸から酵素反応によって NO が作られ，特殊な神経伝達経路を通じて末端組織に送られ，生理活性物質の生成を介して平滑筋の弛緩などを引き起こすという．そして最近話題を集めているバイアグラはこのようにして作られた生理活性物質の分解酵素を特異的に阻害し，血管の拡張状態を維持するという．

簡単な分子の NO が重要な生理機能を持つことが次々と明らかになったが，このような NO は極めて微量で，機能を終えてただちに変化し，多量に生成することはない．したがって測定可能な量の NO ガスはやはり有毒であり，燃焼による NO の生成を抑制することが大気汚染の防止に重要なことに変わりはない．

●まとめ

(1) 錯化合物以外の簡単な化合物の化学式では，陽性原子の元素記号を先に，陰性原子の元素記号または組成式を後に書き，各右下にその数を添える．

(2) 日本語名では，二元化合物の場合，陰性元素名の後に「化」を付けて先に書き陽性元素名をあとに書く．また陰性原子団を含むものは，「化」を付ける場合と「酸」を付ける場合とがある．

(3) 錯塩の化学式では，錯陽イオンは [ ] 内に金属元素，陰性配位子，

中性配位子の順に並べて先に書き，そのあとに陰イオンの式を書く．錯陰イオンを含む化合物では陽イオンの式を書いたあとに錯陰イオンの式を書く．

(4) 錯陽イオンを含む化合物の日本名は単塩のときと反対に，錯陽イオン内の陰イオン，中性配位子，中心金属の順に書き，最後に陰イオンの元素または原子団の名に習慣に従い，「化物」または「酸塩」を添えて書く．

(5) 錯陰イオンを含む化合物の日本語名ではまず配位圏外の陽イオン名を書き，ついで錯陰イオン内の陰イオン，中性配位子，中心金属の名を書き，それに「酸塩」を添えるという具合に単塩のときと逆順になる．

(6) 窒素の酸化物には窒素の酸化数が I から V まですべてのものが知られている．NO は大気汚染物質であるが，特定の器官内で必要に応じて微量に生成したものは生体内で重要な役割をする．

問　題

11.1 次の a)〜d) までの名称の化合物の化学式を記せ．
a) アジ化鉛(II)，　b) 塩化ケイ素，　c) 塩化チタン(III)，　d) シュウ酸カリウム

11.2 次の a)〜d) までの化学式の化合物の名称を記せ．
a) $Pb(CH_3COO)_4$，　b) $Ca(CN)_2$，　c) UF_6，　d) $Na_2S_2O_3$

11.3 次の a)〜c) までの名称の錯化合物の化学式を記せ．
a) ヘキサヒドロキソアンチモン(V)酸ナトリウム，　b) クロロペンタアンミンクロム(III)硝酸塩，　c) トリカルボナトコバルト(III)酸カリウム

11.4 次の a)〜c) までの化学式の錯化合物の名称を記せ．
a) $Na_3[Co(NO_2)_6]$，　b) $[PtCl_2en]$，　c) $[Co(NH_3)_4(H_2O)_2]_2(SO_4)_3$

12. X線と結晶内の原子配置

19世紀末に物理学の分野で相次いで発見された目に見えない放射線のX線や，放射性物質の出す α 線，β 線，γ 線などは原子の成り立ちについて重要な研究手段を提供することになった．この章ではX線の回折から得られた結晶内の原子配置の問題について簡単に考えてみよう．

12.1 X線の発生と結晶による回折

1895年，レントゲン（Röntgen）は高電圧放電管の陽極から黒い紙をも透過し，螢光物質を発光させる放射線が出ることを見出した．当時この放射線はレントゲン線と呼ばれたが，現在は普通，**X線**という．

1912年，ラウエ（Laue）は硫化亜鉛の結晶にX線束をあてて規則的な斑点の写真を得た．これはX線の波長と結晶の中の規則的な原子間の間隔とが同じ程度の大きさのため，原子によって散乱されたX線が干渉して，ある角度をなすものだけが強め合ったもので，このような現象を**回折**という．またブラッグ（Bragg）父子は波長一定の特性X線の回折を利用して結晶内の原子配置を決める方法を確立した．特性X線をさらにフィルターを通して適当な波長のものを選び，そのビームを微細な結晶に当てると，結晶の軸とX線の方向とが一定の条件を満たすとき，結晶が回折格子の働きをし，回折されたX線が特定の方向に進む．そこで結晶の向きとX線のカウンターの位置が正確にこの条件に合うよう連動させる装置を使うことにより，回折X線の強度を自動的に記録することができる．その強度はその回折に関係する結晶面の間の

原子の分布によって決まるため，その強度のデータをコンピューター処理することにより，結晶内の原子配置が比較的容易，かつ正確に決定される．このような装置は大掛かりなものであるが，化合物の構造に関する詳細な情報を提供し，新化合物の確実な特定手段となるので，その利用は急速に広まっている．

12.2　結晶内の原子の配置

　結晶の中でイオンや原子，分子は規則的に配列し，3次元の結晶格子を形成している．結晶格子はまったく同じ構造のごく小さい平行六面体を積み重ねたものと見ることができる．このような平行六面体のうち，対称性の高い最小単位を単位格子という．単位格子の形は各辺の長さ a, b, c および b と c, c と a, a と b のなす角 α, β, γ で決まり，体積 V は，

$$V = abc(1 + 2\cos\alpha\cos\beta\cos\gamma - \cos^2\alpha - \cos^2\beta - \cos^2\gamma)^{1/2} \qquad (12.1)$$

で計算される．また，単位格子中の分子の数，または化学式単位の数 Q は，

$$Q = \frac{N_A \rho V}{M} \qquad (12.2)$$

で与えられる．ここで N_A はアボガドロ定数，ρ は密度，M は分子量，または式量である．

　$a = b = c$, $\alpha = \beta = \gamma = 90°$ の単位格子の結晶を，立方晶系（cubic system）の結晶という．塩化ナトリウム（NaCl），塩化セシウム（CsCl），フッ化カルシウム（CaF_2）の結晶は立方晶系に属し，図12.1に示すようなイオンの配置を有する．NaCl と CaF_2 の場合は，六つの面の中心の状況が原点のまわりの状況と完全に一致するので，面心立方格子と呼ばれる．単位格子内の原子の位置を示すため，原子座標が用いられる．たとえば原点から a の方向に a_x, b の方向に b_y, c の方向に c_z の位置の原子座標は，$x = a_x/a$, $y = b_y/b$, $z = c_z/c$ である．

　原点の選び方には任意性があるが，普通は対称性が高くなる場所を選ぶ．原子が単位格子の頂点，稜，面の上に来ることがあるので，単位格子あたりの数を数えるときは，頂点の原子をすべて数えてその数に 1/8 を，稜の上の原子を

すべて数えてその数に 1/4 を，また面上の原子をすべて数えてその数に 1/2 を掛けてそれらの数を加え合わせる．図 12.1 の例で示される原子配置はしばしば他の化合物の結晶にも見られ，NaCl 型，CsCl 型，CaF_2 型（ホタル石型）などと呼ばれる．これらの型の例は 2 種の元素からなる化合物に限らない．例えば，白金を王水に溶かして得られる H_2PtCl_6 溶液に K^+ を加えると沈殿する $K_2[PtCl_6]$ の結晶もホタル石型で，CaF_2 の Ca^{2+} の位置に $[PtCl_6]^{2-}$ が，F^- の位置に K^+ が入り，$[PtCl_6]^{2-}$ の 6 個の Cl 原子は直交する結晶軸上にある．

例題 12.1 図 12.1 に NaCl の単位格子におけるイオンの充填の状況を示す．この単位格子にはいくつの式単位が含まれるか．

［解答］ 8 つの頂点に Na^+ があり，8 つの単位格子に共有されているから，単位格子あたり 1 個．12 個の稜の中央に Cl^- があり，4 つの単位格子に共有されているから，単位格子あたり 3 個．6 つの面の中央に Na^+ があり，2 個の単位格子の間で共有されているから，単位格子あたり 3 個，立方体の中央に 1 個の Cl^- があるが他の単位格子とは共有されていない．これらを合計すると，Na^+ 4 個と Cl^- 4 個で，式単位は 4 つ含まれる．

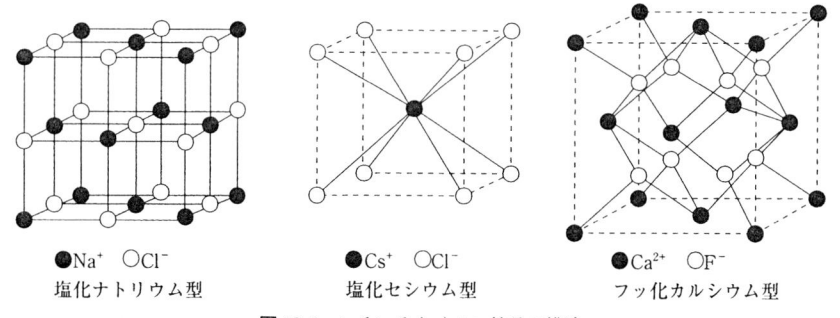

●Na^+ ○Cl^-
塩化ナトリウム型

●Cs^+ ○Cl^-
塩化セシウム型

●Ca^{2+} ○F^-
フッ化カルシウム型

図 12.1 いろいろなイオン結晶の構造

例題 12.2 NaCl 結晶の密度は 2.164 g/cm³（20℃），単位格子の一辺は 5.64 Å である．アボガドロ定数を計算せよ．ただし Na=22.99，Cl=35.45．

［解答］ 上の式（12.2）を使うのであるが，その適用に際してはとくに単位に関して注意が必要である．先の 2.3 節の気体の体積計算のところでも述べた

が，現在すべての単位に国際単位系（SI）が推奨されている（p. 109 終参照）．しかし，十分浸透してない面も多く，たとえば密度の単位として，kg/m³ を用いると，水の密度は約 1000 kg/m³ となるが，これは中学校や高校の課程では使われず，普通 1 g/cm³ を使う．また原子量，分子量の数値は 1 mol をグラム単位で測った数値に等しいから，この場合にも質量の単位にグラムを用いたほうがつじつまが合うことになる．したがって，この種の問題に限り，すべての単位を SI でなく，cgs(cm, g, sec) から出発した方が間違いが少ない．1 Å = 10^{-8} cm であるから，

$$N_A = \frac{QM}{\rho V} = \frac{4 \times 58.44}{2.164 \times 5.64^3 \times 10^{-24}} = 6.02 \times 10^{23} [/\text{mol}]$$

金属原子は主に自由電子を媒介とする金属結合で結ばれて結合の方向性が少なく，体積が最小になるように球が詰まる最密充填構造をとるものが多い．これには図 12.2 に示すように，立方最密充填と六方最密充填の二つの型がある．Cu, Ag, Al は前者に属し，Be, Mg は後者に属する．立方最密充填は NaCl の場合と同様，面心立方格子を作り，Na の位置のみに金属原子が入る形である．これが最密充填構造であることは，それぞれの格子点に A, B, C の記号を記入した図 12.3 の図とあわせて考えると理解しやすい．ただし，図 12.3 の上の図は図 12.2 と同じ方向から眺めたもので，A, B, C の付け方はまず面心立方格子(a)の格子点のうち，手前右上のものに着目し，これを A で表す．次に A に最も近い 6 つの格子点を B，B からさらに奥に進んだ所にある 6 つの格子点を C で表す．最後に一番奥に残った一つの格子点を A で表す．ここで最初と同じ記号 A を付けたのは，最初の点 A をこちらにして眺めたとき，最

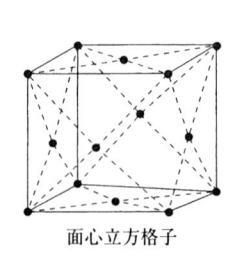

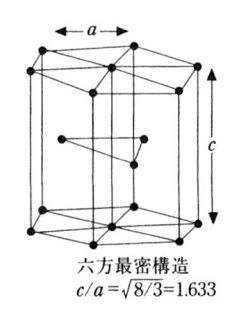

面心立方格子　　　　六方最密構造
　　　　　　　　　　$c/a = \sqrt{8/3} = 1.633$

図 12.2　主な金属の結晶構造

12.2 結晶内の原子の配置

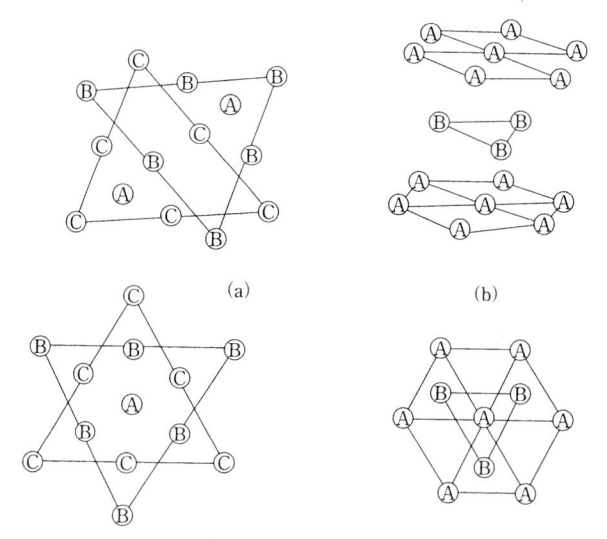

図 12.3 球の最密充塡

初の A と同じ方向に見えるからである．格子点 A は図には 1 個しか現れてないが，隣接する単位格子に属する格子点で A のまわりにくるものをすべて考えると，B や C の場合と同様に球を平面上に密接して敷き詰めた状態になることが分かる．これは一番奥の A のまわりについても同様である．

六方最密充塡構造(b)の場合はもっと分かりやすい．すなわち，まず底面に A 原子が密に並べられたあと，その上に底面の球のくぼみに当たる所に B 原子が詰められる．図では B は 3 個しか示されてないが，隣接する格子内の等価点を含めるとやはり B の球が密に敷き詰められている．そのさらに上段には底面の真上に A 原子群が来て，あと A，B，A，B，…と積み重ねられる．（図 12.3 右）．

多くの分子性化合物も結晶として得られる．この場合，分子同士を結び付けるのはイオン結合でも共有結合でもなく，ずっと弱い分子間力によると考えられている（分子結晶）．一方，共有結合結晶のダイヤモンドでは結晶全体にわたり，炭素原子が互いに共有結合で結ばれている．

12.3　不定比化合物と結晶格子の乱れ

　原子論の出発点とされ，この本の初めに不動のもののように述べてきた法則を「いや実はあれは」などといいだすのは大変気が引けるが，実は定比例の法則は発表当時そうすんなりと認められたわけではなく，とくに著名な化学者のベルトレー（Berthollet）は反応物質の量によって生成物の組成は変化するとしてこれに強硬に反対した．しかしその後，原子・分子説の成功により定比例の法則は疑う余地のないものと思われるようになった．確かに水の分子は水素原子2個と酸素原子1個からできているのだから，原子が一定の質量を持つ以上，元素の質量比も変わりようがない．ところが塩類結晶などでは結合する特定の相手があるわけでなく，イオンが規則的に並んでいると説明されても，ほんとかなという気がしないでもない．実はこの疑問はときに現実のものとなる．

　たとえばFeOの組成の化合物を作ろうとして酸素の分圧を低くし，575°C以上に熱したものを急冷するなどしても，できる化合物の組成はFe_xO（$x=0.91\sim0.95$）と定まらない．かような化合物を不定比化合物，または非化学量論的化合物（nonstoichiometric compound）という．ベルトレーに敬意を払って，ベルトライドということもある．Fe_xOの結晶構造を調べてみると，鉄原子のあるべき場所の一部が空席になっている．もしその状態ですべての鉄がII価とすると電荷の勘定が合わないから，一部の鉄はIII価になっていることになる．

例題 12.3　$Fe_{0.95}O$の組成の化合物中の鉄の重量%を計算せよ．
[解答]　$100\times55.85\times0.95/(55.85\times0.95+16.00)=76.83[\%]$．

　上の例のように2種以上の酸化数を取る金属元素がなくても不定比化合物ができることがある．たとえばZnO_{1-x}では，一部のZnイオンが格子の隙間に移動し，その電荷を中和するのはOでなく電子のため，Oが少なくなるという．

上の例は簡単な1:1化合物を作ろうとしても自然に不定比のものができてしまう例であるが，調合割合を変えて連続的に含まれる元素の比率を変えることができる場合もあり，古くから知られた例としては，$Na_xWO_3 (0<x<1)$ で表される"タングステンブロンズ"がある．これは WO_3 を気相でナトリウムで還元するか，タングステン酸ナトリウムを高温で水素で還元して得られ，不定比の状態で結晶を作ることも可能である．x が 0.9 に近いものは黄金色，0.3 に近いものは青紫で金属光沢を有し，安定で電気をよく導く．

不定比化合物は電子工学などの分野で新素材として重要なものが少なくない．

不定比化合物ベルトライドに対し，定比例の法則に従う化合物はドルトンの名をとってドルトナイドと呼ぶ．ただドルトナイドでも結晶格子は完全無欠とは限らない．たとえば典型的なイオン結晶の NaCl では，定比例の法則は成り立つが，普通，結晶内で少数ながら同数の陰陽イオンが欠落しているという．

●まとめ

(1) 結晶の中の原子の間の距離は X 線の波長と同程度のため，微結晶に X 線をあてると，干渉が起こり，いくつかの特定の方向に散乱される．これを利用して結晶内の原子の配置を知ることができる．

(2) 結晶内の原子配置が不完全で組成が定比例の法則からずれるものがある．

問　題

12.1 銀の結晶中には一辺が 4.086×10^{-8} cm の立方体あたり 4 個の原子が含まれる．銀の原子量を 107.9，アボガドロ定数を 6.022×10^{23}/mol として，銀の密度 (g/cm³) を計算せよ．

12.2 フッ化カルシウム（ホタル石）の結晶は一辺 5.463×10^{-8} cm の立方体の中に 4 個の Ca^{2+} と 8 個の F^- を含む．その密度 (g/cm³) を計算せよ．ただし，Ca = 40.08，F = 19.00 で，アボガドロ定数は 6.022×10^{23}/mol とする．

13.
物理学の理論と原子の電子構造

　前章では19世紀の終わりから20世紀の初めにかけての物理学上の新しい現象の発見が，化学の新しい研究手段を提供したことを述べたが，同じ頃に展開した物理学の理論上の進歩からも，化学はこれに劣らず大きい影響を受けた．そして化学の基礎となる原子の構造と挙動はこれらを抜きにしては語られない．

　ただ本書の主な眼目は「大学の化学への招待」であり，それには高校で化学や物理をとらなかった人を含め，基礎から化学の十分な理解力を付けるお手伝いをし，一方では大学の化学の課程の概要を大学祭の展示の感覚で眺めて興味をもってもらうことだと思う．もしここで物理に基礎をおく事柄を「物理の予備知識なしでは理解困難」として取り上げないことにすれば，物理にも興味を持ち，その基礎付けを望む人は，今までの章の内容だけでは失望するだろう．

　そこで次のことを提案したい．この章以降はオプションとし，その理解に苦痛を覚えた人はそこを読み飛ばし，やさしそうなところを拾い読みするよう勧めたい．そして飛ばした所はあとになって単位などの束縛から離れて，再トライすれば，その間に物理などの基礎知識も養われて意外とたやすく理解できるだろう．このような試みは以後の関連する他分野の学習にも大きく寄与できると信じる．

　一方，これらの章を教材として利用される先生方も，学生の理解力に応じて取捨選択し，適当な項目だけを取り上げていただくよう，お任せしたい．

　また筆者としても，その基礎となる物理現象を，高校での物理の履修を前提としないで解き起こすよう努力した．たとえば，標準的な課程では物体の運動

はニュートンの法則から出発するが，それをやっていると物理の準備だけで半年かかる．そこで第13章では，原子の挙動にも重要になる角運動量の問題に限定し，ニュートンの法則を経由することなく，直感的に理解しやすいケプラーの法則から，やさしい例題によって角運動量保存則を導くようにした．このようにして，高校で物理をとっていないハンディは解消できると信じる．

さらに難解と思われがちな量子力学については，電子雲の図を利用してやさしく説明する努力をしたので，これを活用して原子の理解に役立ててほしい．

13.1 水素とアルカリ金属の原子スペクトル

光をプリズムで分けたのち写真フィルムにあてて現像すると，その光がどんな波長の光を含むかが写真上黒線の分布から分かる．この種の図をスペクトル (specctrum) という．スペクトルから試料の組成や原子・分子の状態が分かる．

気体の水素は電気を通さないが，減圧にすればパルス電圧をきっかけに適度の電圧で放電が続行する．このとき出る光のスペクトルは，いくつかの鋭い線から成る輝線スペクトルである（ネガフィルム上，黒線として現れるが，直接目で観測すれば輝いて見える）．このような輝線は原子が発する光とされ，水素放電管の場合，水素分子がエネルギーを得て水素原子となり，発光するのである．

水素原子は単位正電荷の陽子と，その1836分の1の質量と単位負電荷をもつ電子1個からなるが，1913年にボーア（Bohr）はその電子に円運動を仮定し，角運動量がある基本単位の整数倍の運動だけが起こるとして計算し，水素原子は

$$E_n = -\frac{2.17869 \times 10^{-11}}{n^2} [\text{erg}] \tag{13.2}$$

で表される飛び飛びのエネルギー値の「定常状態」しかとれないと推論した．

ボーアの頃，物理量は cm（センチメートル），g（グラム），sec（秒）に基づく cgs 単位系で表され，エネルギーの基本単位は erg であった．その後，国際会議でメートル (m)，キログラム (kg)，秒 (s)，アンペア (A)，ケルビ

ン（K, 絶対温度の単位），カンデラ（cd, 光度の単位），およびモル（mol, 物質量の単位）の7つの基本単位に基づいて国際単位系（SI）が作られ，すべての分野で国際単位系あるいはこれから誘導される単位を使うことが推奨された．ただし，高校の教科書で密度が g/cm³ で表され，気体の圧力が気圧（atm）で表されることが多いことから分かるように，SIの使用はまだ十分徹底してない分野も少なくなく，また古い記録を理解する必要からも，両方の単位とその関係を理解し，使えることが必要と思われる．

式（13.2）で n は正の整数で，主量子数という．ボーアはまた，原子がエネルギー E_{n_1} の状態から E_{n_2} の状態に移るとき，エネルギー差を光（の量子）として放出し，その振動数 ν は，$(E_{n_1}-E_{n_2})/h$ で与えられるとした．h はプランクの定数である．このような振動数 ν は，先に述べた水素放電管の輝線スペクトルの波長 λ から，$\nu=c/\lambda$（c は光の速度）によって計算することができる．上の E_{n_1}, E_{n_2} に上記の計算値を入れて ν を計算したところ，実測値と完全に一致した．エネルギーの単位は SI ではジュール（J），cgs ではエルグ（erg）で，1 J=10⁷ erg，またプランクの定数 h は 6.626×10^{-34} J·s=6.626×10^{-27} erg·sec である．

例題13.1 水素原子の $n=4$ の状態から $n=2$ の状態に移るときに放出される光の振動数と波長を求めよ．まず cgs 単位，次に SI 単位を使って解いてみよ．

［解答］cgs 単位系ではエネルギー差 ΔE は，式（13.2）により，$2.17869\times10^{-11}(1/2^2-1/4^2)=4.085\times10^{-12}$ [erg] で，振動数 ν は，$\Delta E/h=4.085\times10^{-12}\div(6.626\times10^{-27})=6.165\times10^{14}$ [/sec]，波長 λ は，$c/\nu=2.9979\times10^{10}\div(6.165\times10^{14})=4.863\times10^{-5}$ [cm]．

SI で式（13.2）に相当する式は $E_n=-2.17869\times10^{-18}/n^2$ [J] で，同様の計算により，振動数は 6.165×10^{14} Hz，波長は 4.863×10^{-7} [m]=486.3 [nm] となる（SI では秒を s, 毎秒を Hz で表す）．

角運動量は運動量の能率とも呼ばれ，物体が回転しようとする勢いを表す量で，物体の進行方向の延長線に基準点（引力の中心など）から下ろした垂線の

13.1 水素とアルカリ金属の原子スペクトル

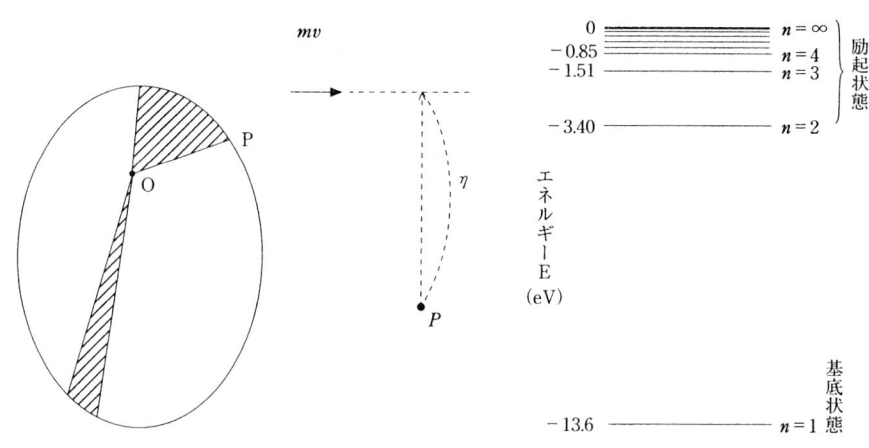

図13.1 面積速度一定の法則　**図13.2** 角運動量 $L=\eta m v$　**図13.3** 水素原子のエネルギー準位

長さ η と，その時点の物体の運動量 mv との積 $\eta m v$ で表される．ニュートン（Newton）の研究以前から，太陽系の惑星の運動についてケプラー（Kepler）の法則というのが知られ，その第2法則に「太陽と惑星を結ぶ線分が単位時間に掃いて通る面積は一定である」というのがある．この「面積速度一定の法則」から，惑星の角運動量は時間によらず一定という「角運動量の保存則」が導かれる．これらの法則は，2物体間に距離の2乗に反比例する引力が働き，他の物体からは十分離れていて引力が無視できるとき成り立つ（物理の教科書などを参照）．

例題 13.2　面積速度一定のとき角運動量も一定であることを示せ．

［解答］図13.2のように物体が速度 v で運動し，その延長線上に下ろした垂線の長さが η のとき，Δt 秒間に線分 OP が掃いて通る（掃引する）面積は $1/2\,\eta v\Delta t$ であるから，面積速度は $1/2\,\eta v$ である．一方，角運動量は定義によれば $\eta m v$ である．質量 m は一定であるから，$1/2\,\eta v$ が一定なら $\eta m v$ も一定である．

［今回の疑問］ボーアが計算した水素原子の飛び飛びのエネルギーはマイナスの値をもっていたことになる．これは電子が借金でも背負っているというの

か？

　[答え]　まさにその通り．マイナスの電気を帯びた電子はプラスの電気を帯びた原子核から逃げられなくなっている．このとき原子核と電子とを限りなく離し，電子が自由の身になって<u>静止した</u>状態のエネルギーを0とする．化学では核エネルギーは問題としないので，この状態は水素原子のエネルギーの0点でもある．図13.3は水素原子のいろいろなエネルギーの状態を表した，エネルギー準位図と呼ばれるもので，図の上端の横線がこのエネルギー0の状態に相当する．陽子と電子とが結合してできた水素原子はここからエネルギーを放出しつつ落ち込んでいった状態だから，そのエネルギー値はマイナスである．その絶対値に等しいプラスのエネルギーを与えれば，電子が離れて陽イオンができる．この値が6.2節で述べたイオン化エネルギーである．

　エネルギーの不連続性の考え方は1900年プランクによって最初に出された．彼は高温の物体が温度とともに赤→黄→白→と発光する色温度の問題を解析し，光など電磁波が物質との相互作用で授受するエネルギーには，振動数に比例する最小単位 $h\nu$ があり，それ以下に細分されたエネルギーの授受は起こらないとした．この考えはアインシュタインの光量子説に取り入れられ，光は波の性質とともに粒子の性質を有し，光粒子の持つエネルギーが $h\nu$ であるとされた．ボーアの理論で放射される光の振動数が $(E_1-E_2)/h$ なのは，準位間の遷移で余分になるエネルギーが1個の光粒子として放出されると考えると理解される．

　ガスこんろを使うとき，適量の空気を入れないと炎が黄色くなり，鍋の底がすすで黒くなる．これは酸素が足りなくてガスが十分燃焼せず，含まれていた炭素が遊離して微粒子となり，熱せられて発光し，鍋の底に析出したのである．空気の量を適当に調節すると，炎は薄紫の外炎と緑白色の内炎とに分かれるようになる．外炎では十分量の酸素が補給されるので酸化炎と呼ばれ，内炎では酸素の補給が少ないのでガスの部分的酸化と分解が起こり，還元炎と呼ばれる．

　ガスこんろで食塩を付けたサンマなどを焼くと，酸化炎が黄色く着色する．これは先ほどの空気不足の炎の黄色とは違い，塩化ナトリウムの炎色反応によるもので，別の塩類を酸化炎に入れるとまったく違った色が見られる．

13.1 水素とアルカリ金属の原子スペクトル

アルカリ金属塩類の炎色反応を分光器で観察すると，そのスペクトルの中には水素のスペクトルのときと同様に鋭い線が見られ，このような輝線は原子の出す光に固有のものであることは先に述べた．つまりアルカリ金属の塩類を試料として使っても，光はアルカリ金属の原子から出ていることになる．

塩化ナトリウムを水に溶かすと，ナトリウムイオンと塩化物イオンに電離するのはみなよく知っている．ただ水溶液中でこれらのイオンが安定に存在するのは，それらが水和するからで，炎の中では水和は起こらないから，イオンに分かれるには大量のエネルギーが必要で，むしろナトリウムと塩素の原子に分かれることになる．そしてナトリウム原子はさらにエネルギーをもらって励起されたのち，低いエネルギー準位に移るとき，エネルギー差を光として放出する．

水素原子の電子のエネルギーは主量子数だけで決まるが，他の原子の場合には同じ主量子数でもエネルギーの違ったレベルがある．アルカリ金属塩類のスペクトル線の解析の結果，可視部に現れるナトリウムの黄色線は主量子数が同じ3でもエネルギーの違った3pから3sへの遷移，リチウムの赤色線は主量子数が同じ2でもエネルギーの違う2pから2sへの遷移であることが分かった．

話がややこしくなってきたので少し不安になってきた人もいるかも知れない．でも少しも心配は要らない．生徒数の多い小学校では，学年をいくつかのクラスに分けて，1年桃組，2年すみれ組などと呼んでいる．1s，2p，3dも最初の1，2，3は学年と考えたらいい……実はこれらは**主量子数**で，K，L，M殻の記号を使わずに数字をそのまま書いたものだが，主量子数は主に電子の行動半径，あるいは運動エネルギーに関するものだから，生徒の年齢や学年にあたると考えてもそれほど見当違いではない．ではs，p，d，fの文字は何を表すのか？

前述のように，ボーアは水素原子の取扱いで，電子の角運動量はある基本量の整数倍の値しかとれないと仮定した．その後発展した量子力学で，角運動量の2乗の値は，$l(l+1)h^2/4\pi^2$ $(l=0,1,2,\cdots,n)$ で表されることが分かった．このlを**方位量子数**という．そしてs，p，d，fはそれぞれ，$l=0,1,2,3$を表すための記号である．これらはもともとアルカリスペクトルの系列の特徴を示

す形容詞 sharp, principal, diffuse, fundamental の頭文字であるが，現在ではこれらの形容詞自体は実情に即しないことが知られており，上のように頭文字が単に方位量子数を表す記号として使われている．

　こういうと，方位量子数は完全に物理学的な量で，化学には関係がないと思われるかも知れない．ところが今世紀の化学に大変革をもたらした化学結合や分子の形の理論の根底は，これら方位量子数や s, p, d, f による軌道の分類を経て生まれたといっても過言ではない．エネルギーや角運動量が上述のように飛び飛びの値をとるのは，物質の持つ波動性からきていて，これを正確に理解するには波動力学ないし量子力学が必要となる．しかし物事は「案ずるよりまず踏み出せ」で，この波動力学には「視覚的要素」が強く，次節で説明する，電子の存在確率を表す「電子雲」の考えから出発し，その概念図を見るだけで無機化合物の結合のある程度の理解が得られるという幸運が待っている．

13.2　雷様より電子雲へ ── 導入モデルの修正

　入門書で電子配置の模式図として中央に原子核を大きな円で表し，まわりに等間隔に円をかいて2個，8個，8個と電子がはめこまれた図がよく使われる．著者はこれを「雷様の太鼓モデル」と呼んでいる．これを見て原子とはこんなものかと思ってしまう危険もあり，より進んだ理解のためには，図のどこまでが事実を表すかを知る必要があろう．すなわち図が示すのは，ある「電子殻」に何個の電子が入っているかを示すだけのもので，一つの円形の軌道に電子が行儀よく並んでいることを意味するのではない．ボーアの原子模型は電子の円軌道を仮定した．彼のエネルギーの計算値があまりにも実測値によく一致したため，円軌道も含め，彼の仮定はすべて正しかったとの印象を与えたこともいなめない．実はボーア以後の量子力学の発展で，原子のエネルギーに関しては正確に知ることができるが，電子の位置については，衛星のようにはっきりした軌道を描くことは原理的に不可能なことが分かったのである．

　1925年，ドブロイ（de Broglie）は，原子内の電子が飛び飛びのエネルギーをもつのは，電子が粒子の性質とともに波動の性質をも持つためとの考えを出した．翌年，シュレーディンガー（Schrödinger）は，水素原子その他につい

13.2 雷様より電子雲へ

て電子の波動を表す微分方程式を提案した．その解を**波動関数**（wave function または orbital）というが，わが国ではこれを単に**軌道**と呼ぶ．ただ注意を要するのは，これは古典的な線状の軌道でなく，広がりのある位置の関数だということである．現在，電子の存在確率が波動関数の2乗に比例すると考え，これを電子雲と呼ぶ．

図 13.4 に s 軌道，p 軌道，d 軌道の電子雲の概念図を示す．s，p，d の記号にはあまり慣れてないので，親しみを持ってもらうために，これらの形状の特徴を捉えて，マリモ組，双葉組，クローバ組の仮称を併用することにする．p

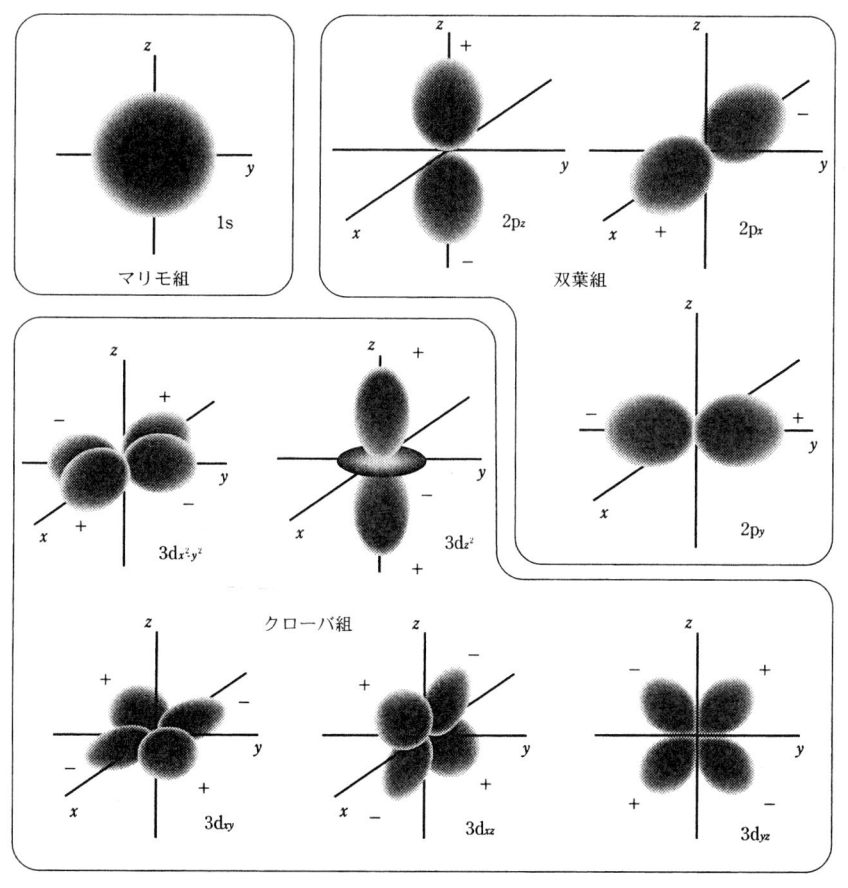

図 13.4 電子雲の概念図

軌道には p_x, p_y, p_z の3種, d軌道には d_{xy}, d_{xz}, d_{yz}, $d_{x^2-y^2}$, d_{z^2} の5種がある.

波動関数は電子の波の振幅を表し, p軌道, d軌道の波動関数には三角関数が掛かっているから, ＋の部分と－の部分があり, 二つの波が重なるとき強め合うか弱め合うかに関係する. しかし, その2乗の電子密度は正の値で示される.

これら電子密度図の濃く描かれた場所には電子が見つかる確率が高く, 薄いところは電子の存在確率が低いことを表すもので, 電子を引き続き観測して見つかるごとに点を打っていけば, 結局図のようなものになるはずである.

マリモ組s軌道の球対称は原子核から見て電子がどの方向にあるかまったく決まらないことを表し, 円軌道は意味しない. 電子雲の形状は化学結合の方向性や分子の形に対し重要な意味を持つ. たとえば方向性の顕著な双葉組のp軌道が関与する結合は方向性の強いものになるだろう. これを簡単な水分子を例に説明しよう. 先に共有結合は両原子間で電子対が共有されてできると述べた. この電子対は相手方の原子に向かって電子雲が出っ張ったような軌道に収容される. 水分子の結合角は104.52°で直線型ではない. H—O間の共有結合は, 一方の水素原子のs軌道と, 酸素原子のp軌道の一つたとえば p_z 軌道の重なったところに電子対が収容されてできると考えられる. そしてもう1本のHO結合生成には他のHのs軌道とOの別のp軌道, 例えば p_y が使われる必要があり, 二つのの結合は互いにほぼ直交するはずである (図13.5). もう

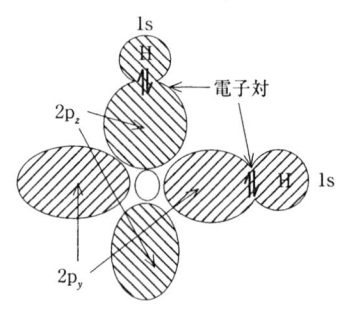

図13.5 電子雲の重なりによる H₂O分子の生成

一つの p 軌道の p_x にはすでに電子対が入っているので，結合には関与しない．

13.3　アルカリスペクトルの二重線と電子スピン

アルカリ金属の原子スペクトルから得られたもう一つの重要な知見として，二重項と電子スピンの問題がある．前述の Li の赤色線と Na の黄色線は，精密な分光器でみると，極めて近接した2本の輝線からなる．これを説明するため，電子はスピンと呼ばれる自転のような運動をしていると考えられた．電流の流れる環状回路が磁石として働くように，回転または自転する電子は小磁石として働き，外磁場との間で相互作用が起きる．まず回転する電子に磁場が働くと，回転角運動量（軌道角運動量ともいう）の磁場方向への投影（いわゆる成分）は，ミクロの世界の角運動量の基本単位とされる $h/(2\pi)$ の m 倍になる．m を**磁気量子数**という．m の値は方位量子数の l から $-l$ までに至る $2l+1$ 種類の値のどれかに限られる．たとえば $l=1$ の双葉組の電子は m が1か0か -1 かのどれかの状態になる．

[今回の疑問]　m の 1, 0, -1 が p_x, p_y, p_z にあたるのか．

[解答]　これも陥りやすい誤解の一つだから，気を付けてほしい．<u>z 軸を基準にとった場合，$m=0$ が p_z にあたるというのは正しい</u>．ところが $m=1$ と $m=-1$ の状態は電子が回転している状態であるが，p_x と p_y は右まわりの波と左まわりの波が干渉して定常波を作り，確率密度の極大ができた状態である．電子が自由に回転できる遊離の原子の場合は量子数 m が意味をもつが，原子が共有結合すれば，定常波の解 p_x, p_y の電子密度の腹に電子対が収容される．

アルカリ金属の原子スペクトルの場合，原子は自由な状態にあるから，p 電子は $m=1, 0, -1$ の状態をとる．一方，スピン角運動量には2通りあり，アップ (up) およびダウン (down) と呼ばれるが，z 成分の大きさは $h/(2\pi)$ の 1/2 倍または $-1/2$ 倍である（ディラック (Dirac) の理論）．そして回転の角運動量とスピン角運動量とが合成された全角運動量を表す"内部量子数" j の値は，回転と自転とが同じ向きのときは $1+(1/2)=3/2$，反対向きのとき

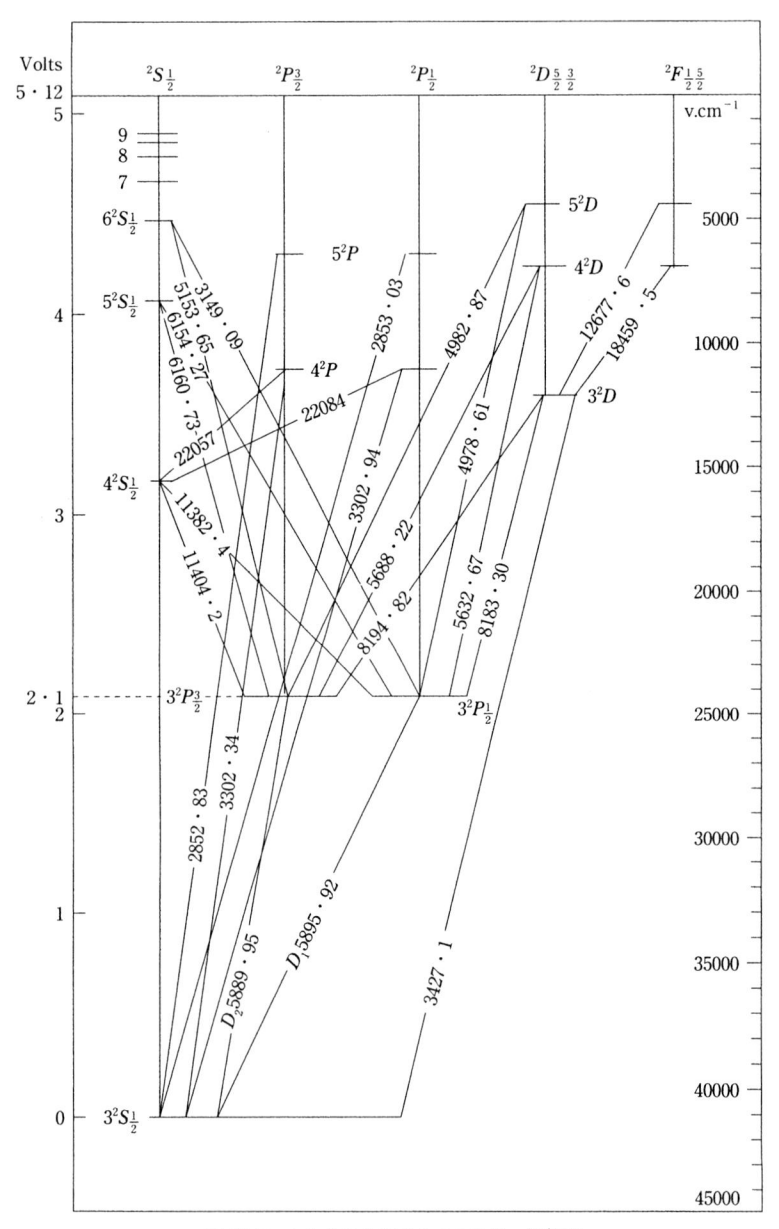

図13.6 ナトリウム原子のエネルギー準位図

は $1-(1/2)=1/2$ になる．両方の状態はほとんど同じエネルギーを持つが，$j=3/2$ の方がわずかにエネルギーが高い．この両者をまとめて二重項状態 (doublet state) という．Li の赤色線 $2p \to 2s$，および，Na の黄色線 $3p \to 3s$ の場合，上の p 状態だけが上記理由から分裂し，遷移エネルギーのわずかに異る二重線 (doublet) が観測されるのである．

ナトリウム原子のエネルギー準位と電子遷移の状況を図 13.6 に示す．

図の中で 3s 状態は $3^2S_{1/2}$ で，3p の二つの状態は $3^2P_{3/2}$ と $3^2P_{1/2}$ で表されているが，この記号の中の大文字の S や P は原子全体の状態を表し，このアルカリ金属の場合は外殻の 1 個の電子の記号，s，p と同じである．また大文字の記号の左上の添え字の 2 は二重項の 2，右下の添え字の 3/2 と 1/2 は内部量子数 j，つまり回転角運動量とスピン角運動量を合わせた全角運動量に関する量子数で，準位間の遷移の波長が斜めに Å 単位で示してある（$1\,\text{Å} = 10^{-10}$ m）．また左端に原子の基底状態を 0 としたエネルギーの高さが eV で目盛ってある．

例題 13.3 図 13.6 に記入された $3^2P_{3/2} \to 3^2S_{1/2}$，および $3^2P_{1/2} \to 3^2S_{1/2}$ の遷移による光の波長から $3^2P_{3/2}$ と $3^2P_{1/2}$ の間の間隔を eV 単位で計算せよ．

[解答] まず Å 単位の波長 λ を振動数 ν に換算する．$\nu = c/\lambda$ より，$3^2P_{3/2} \to 3^2S_{1/2}$ の遷移の振動数は，$2.99793 \times 10^8 / (5889.95 \times 10^{-10}) = 5.0899 \times 10^{14}$ [Hz]．ゆえに，遷移エネルギーは，$h\nu = 6.6261 \times 10^{-34} \times 5.0899 \times 10^{14} = 3.3726 \times 10^{-19}$ [J]．6.2 節で説明したように，1 eV は 1.6022×10^{-19} J であるから，これは，$3.3726 \times 10^{-19} / (1.6022 \times 10^{-19}) = 2.1050$ eV になる．つぎに $3^2P_{1/2} \to 3^2S_{1/2}$ の振動数は $\nu = c/\lambda = 2.99793 \times 10^8 / (5895.92 \times 10^{-10}) = 5.08475 \times 10^{14}$ Hz．遷移エネルギーは，$h\nu = 6.6261 \times 10^{-34} \times 5.08475 \times 10^{14} = 3.3692 \times 10^{-19}$ [J] $= 3.3692 \times 10^{-19} / (1.6022 \times 10^{-19})$ [eV] $= 2.1029$ eV．$3^2P_{3/2}$ と $3^2P_{1/2}$ の間の間隔 Δ は $3^2P_{3/2} \to 3^2S_{1/2}$ と $3^2P_{1/2} \to 3^2S_{1/2}$ の遷移エネルギーの差に等しいから，$\Delta = 2.1050 - 2.1029 = 0.0021$ [eV]．

ヘリウム (He) 原子は 2 個の 1s 電子を有し，一つはスピンがアップ，他はダウンである．リチウム (Li) では 3 番目の電子は主量子数，方位量子数，

スピンすべてが他の電子と同じになることはできない（パウリ（Pauli）の排他原理）．昔，学園紛争が盛んだった頃，大学側が委員会の開催を予定していた同じ教室で，活動家の学生グループが決起大会を開こうとして大騒ぎになった．パウリの原理に反していたのである．とにかくLiの3番目の電子は1s軌道に入ることはできず，許される最低のエネルギー状態は2sになる．次のベリリウム（Be）では同じ2sにスピンが逆向きの電子がもう一つ入れるので，安定な電子配置は$1s^2 2s^2$になる．次のホウ素（B）で新しい電子は2pに入る．Liの原子スペクトルのところで出会ったものである．$l=1$のp状態（双葉組！）では，p_x, p_y, p_z（または$m=1, 0, -1$）の三つの状態が可能で，それぞれにスピンがアップとダウンの，計6個の状態が許される．そのすべてに電子が入ったネオン（Ne）は安定な希ガスである．

スピンの存在は先に述べた共有結合の成立にも深く関与する．すなわち，二つの原子の軌道の重なり合う場所にアップとダウンの2つの電子が入り，共有されてできる．

アルカリ土類金属の塩類を酸化炎に入れた場合も，特有の炎色反応を示す．ストロンチウム（Sr）の塩類は炎を赤色，バリウム（Ba）では黄緑色に着色し，ともに花火の着色に広く用いられる．ところが発光のメカニズムがアルカリ金属の場合とまったく違うことは意外と見過ごされやすい．分光器で見ると，輝線はあまり見られず，ある波長範囲にわたり，帯状の光が観測される．これは炎の中でアルカリ土類金属は原子状態にはなく，分子を作っていることを示す．一般に分子では原子間の振動や分子全体の回転が可能なため，その電子状態にも振動・回転状態のわずかずつ違った無数のエネルギー状態があり，それらの間の遷移によって出る光は，一見波長が連続した帯状に見える．このようなスペクトルを帯スペクトル（band spectrum）と呼ぶ．アルカリ土類金属元素は酸素との親和性が強く，炎の中でSrOやBaOのような分子を生成し，これらが発する帯スペクトルが赤や緑に見える．ただし固体のSrOやBaOはイオン結晶である．

───●まとめ───
(1) ボーアは水素原子核のまわりを運動する電子の運動について量子の

考えを導入し，水素原子には一定の条件を満たす定常状態だけが許され，エネルギーが E_{n_1} の定常状態から E_{n_2} の定常状態に移るとき，エネルギー差を光として放出し，その振動数は $\nu=(E_{n_1}-E_{n_2})/h$ で与えらることを示した．

(2) アルカリ塩類の炎色反応で観測される長波長側の輝線は，原子の主量子数が同じで，方位量子数が 1 の p 軌道から 0 の s 軌道に移るときに出る．

(3) アルカリ塩類のスペクトルが近接した 2 本の輝線からなるのは，電子がスピン角運動量をもっていることによる．原子の主量子数と方位量子数が決まった軌道には，スピンが逆向きの 2 個の電子が入ることができる．

(4) 共有結合は二つの原子の電子雲が重なった所に電子対が入ってできる．

(5) 原子内の電子のエネルギーは正確に決まった値をとるが，位置を正確に決めることはできず，存在確率が波動関数の 2 乗として求められる．

問　題

13.1 水素原子の定常状態のエネルギーを kJ/mol 単位，および eV 単位で表す式を書け（コメント：13.1 節の本文では erg/原子で表した．$1\,\text{J}=10^7\,\text{erg}$，kJ/mol 単位の値は原子あたりの値にアヴォガドロ定数を掛け，1000 で割ればよい．電子ボルトについては 6.2 節の説明を参照のこと）．

14. 12族周辺の重金属と電池

　新しい周期表の分類で 12 族に入ることになった，亜鉛，カドミウム，水銀はいろんな意味で特異な存在である．またこの族の周辺にはすでに述べた 14 族の重いメンバーのスズ，鉛など人類史上古くから知られ，ある意味で互いに似通った特徴を持つ重金属元素が少なくない．本章ではこれらの挙動を総括的に捉え，またこれらの金属と関係の深い電池の問題を少し詳しく扱ってみたい．

14.1　12族周辺の重金属の挙動

　19 世紀後半の国際規約では，内部に不完全電子殻があることを遷移元素の条件とし，亜鉛，カドミウム，水銀の 12 族元素はこれから除外された．その後これらを典型元素に入れることが多いが，これに違和感を感じる人もあり，遷移元素以外は「非遷移元素」というべきだとの意見もある．

　12 族元素について特筆すべきは単原子状態で大変安定に存在する点で，これを端的に示すのが，周期表の前後の元素に比べて高い第 1 イオン化エネルギー（図 5.2 参照）と，格段に低い単体の融点，沸点である．たとえば水銀は常温で液体で，第 1 イオン化エネルギーは 1006 kJ/mol と，希ガスのラドンの 1037 kJ/mol とほとんど変わらない．このことは原子同士が結合しやすくて高い融点，沸点を示す第 2, 第 3 周期の炭素，ケイ素と対照的である．しかし 12 族の金属は適度の反応性を示し，これは原子間の結合の弱さとも関連する．

　原子の最外殻電子数が希ガスに近いアルカリ金属やハロゲンなどの場合，陽イオンまたは陰イオンを作ることによって，希ガス型の安定な電子配置をとる

14.1 12族周辺の重金属の挙動

表14.1 擬(偽)希ガス型陽イオン

11族	12族	13族	14族	15族
Cu^+	Zn^{2+}	Ga^{3+}	Ge^{4+}	
Ag^+	Cd^{2+}	In^{3+}	Sn^{4+}	Sb^{5+}
	Hg^{2+}	Tl^{3+}		

表14.2 $d^{10}s^2$型原子と陽イオン

12族	13族	14族	15族
Zn			As^{3+}
Cd		Sn^{2+}	Sb^{3+}
Hg	Tl^+	Pb^{2+}	Bi^{3+}

ためとして化学的挙動が説明される．炭素や窒素のように電子対の共有によって希ガス型電子配置をとることのできる元素についても同様である．ところが周期表の遷移系列に続く12族前後の元素では，少数個の電子の授受によって希ガス型構造をとることはできない．それらの元素は化学変化でどのような電子配置をとろうとするのだろうか．まず12族以降の元素は遷移系列で充塡された10個の内殻d電子を放出する傾向はなく，それらを保持する傾向が強い．しかし外殻電子は比較的容易に失われる．その結果，前にも述べたように，族番号の下1桁の数字に等しい数の価電子を失った陽イオンが生成する．このd^{10}型陽イオンはよく知られ，「擬(偽)希ガス型イオン」と呼ばれる（表14.1）．

ただし，このあたりの元素の陽イオンが，すべてこの型に属するわけではない．とくに第5，第6周期の元素は，擬希ガス型より電子が2個多い，$d^{10}s^2$型陽イオンの安定性が増してくる傾向がある．たとえばこの型の電子配置を有する第5周期のSn^{2+}とSb^{3+}は擬希ガス型のSn^{4+}とSb^{5+}と同程度に安定である．第6周期になると，14族の鉛では擬希ガス型の酸化数IVの化合物よりも$d^{10}s^2$配置の酸化数IIの状態の方が安定で，硫酸塩（$PbSO_4$）やクロム酸塩（$PbCrO_4$）が溶けにくいなど，アルカリ土類金属イオンに似た性質を示す．また15族のビスマスBiでも酸化数Vの状態はむしろ不安定で，酸化数IIIのBi^{3+}のイオン半径は3族の希土類元素のイオン半径に近くて似た化合物を作る．さらに13族のタリウムには酸化数IIIのほか$d^{10}s^2$配置の酸化数Iの状態があり，とくに注目されるのは，TlOHやTl_2CO_3の水溶液が強アルカリ性を示すことである．

このことは本章の最初に述べた「外殻電子2個を持った12族元素の原子の安定性」とも密接に関連するはずである．周期表のこの前後の元素で安定に保持される2個のs電子を，不活性対（inert pair）と呼ぶことがある．

例題 14.1 次の反応を係数付き反応式で表せ．
　塩化水銀(II)の水溶液に塩化スズ(II)溶液を少しずつ加えていくと，最初白色の Hg_2Cl_2 が沈殿し，さらに加えると灰色の金属水銀の沈殿に変わる．
[解答]　　$2 HgCl_2 + SnCl_2 \rightarrow Hg_2Cl_2 + SnCl_4$
　　　　　$Hg_2Cl_2 + SnCl_2 \rightarrow 2 Hg + SnCl_4$

　12族前後の元素の陽イオンは，可溶性硫化物を加えたとき硫化物を沈殿しやすい点で，1，2，3族の元素の陽イオンと異なる．このため，一見アルカリ土類金属の硫酸塩に似た硫酸鉛は硫化水素と接触すると難溶性の硫化鉛に変化する．

例題 14.2　鉛とアルカリ土類金属の硫酸塩の違いはまた，前者が水酸化アルカリや酢酸アンモニウムの溶液に溶ける点である．その理由を説明せよ．
　[解答]　水酸化アルカリに溶けるのは鉛がアルカリ土類と違ってアルミニウムや亜鉛のように両性の性質をもち，鉛酸陰イオンを生じて溶けるからである．また酢酸アンモニウムに溶けるのは酢酸イオンとの錯体の生成による．

　12族元素についてもう一つ指摘しておきたいのは，電極として使用した場合，それらの水素過電圧が他の金属に比べて極めて大きいことである．ある金属を電極として使い，これにマイナスの電位をかけていった場合，水素ガスと水素イオンとが平衡に達するはずの電位を超えても，実際には水素が発生しない場合がある．このようなとき理論的な平衡電位と，実際に水素が発生し始める電位との差を水素過電圧という．水素過電圧の大きい金属を電池の電極として使用すると，その金属が水素より大きいイオン化傾向（次節参照）をもっている場合でも水素が発生することなく，起電力を有効にとり出すことができる．亜鉛，カドミウム，それに鉛などが一次電池または二次（可逆）電池のマイナス極として好んで用いられるのは，それらの大きな水素過電圧を利用したものである．水素過電圧が大きいのは原子の内殻電子のエネルギー準位が低く，水素発生の触媒作用に関与しないことによると考えられる（15.3節の遷移元素の特徴を参照のこと）．

例題 14.3 食塩水の電解工業で，水銀を陰極として使う方法の利点は何か．
［解答］ 水素過電圧の大きい水銀を陰極として使うと，できたナトリウムがアマルガムとして溶け込み，水素を発生させずに分離でき，これを後で水で分解すれば水酸化ナトリウム溶液が得られ，食塩と完全に分離できるメリットがある．

14.2 電池の起電力と電極電位

硫酸銅水溶液に金属亜鉛をつけると，イオン化傾向の大きい亜鉛は電子を銅イオンに与え，暗赤色粉状の金属銅が析出する．電子を e^- で表すと，

$$Zn \longrightarrow Zn^{2+} + 2\,e^-, \quad Cu^{2+} + 2\,e^- \longrightarrow Cu \tag{14.1}$$

図 14.1 に示すダニエル電池では，亜鉛を溶かす反応と銅を析出させる反応が別々の容器で行われ，両方の容器は硝酸カリウムのように無関係な塩類溶液を満たして倒立させた塩橋と呼ばれる U 字管を通じて接続されている．これら異なった溶液の間は綿栓や寒天によって直接の混合が防がれている．このような仕掛けにより，放出される化学エネルギーを電気エネルギーとして取り出すことができる．上の反応で亜鉛原子は電子を残して陽イオンとなって溶液に溶けだし，銅イオンは電極から電子をもらって金属銅として析出するため，亜鉛極に対して銅極はプラスに帯電する．その電位差をこの電池の起電力という．しかし，両極の間に電圧計を挿入してこれを測ろうとすると，電圧計を通

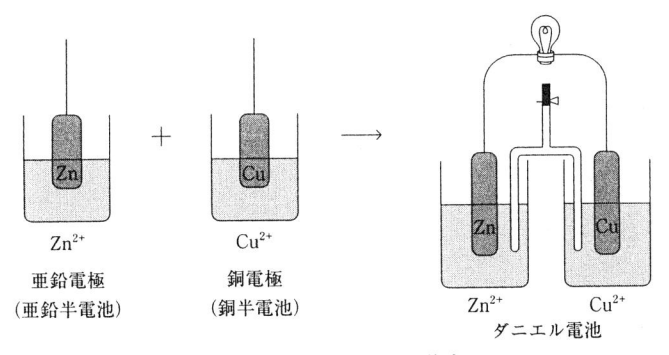

図 14.1 ダニエル電池の構成

して電流が流れ，真の起電力より低い値が観測される．このため厳密な測定には，外部から逆の電圧を掛け，ちょうど電流が流れなくなる点の電圧の値を求める必要がある（電気化学の専門書参照）．ただ最近は電気素子の改良で電流をほとんど流さずに測定できる電圧計が作られているので，普通はこれで十分である．

　起電力の測定では，測定端子をどちらに接触させるかによって正負が逆転する．そこで国際的な約束として，電池を $Zn|ZnSO_4(C_1)\|CuSO_4(C_2)|Cu$ のような記号で表し，両方の電極をショートさせたとき，電解質溶液内で陽イオンが右に書いた端子側に移動するとき，起電力の符号をプラスとすると定められた．この約束は左に書かれた電極に基準端子を，右に書かれた電極に測定端子をあてて測った電圧計の測定値の符号と一致する．この約束では，上の電池記号の左右を入れ替えて書いた場合，起電力の符号は逆になるから，起電力の値を示すときには必ず電池記号を添えなければ意味がない．ただし，左，右というのはあくまでも記号上どちらに書いた電極かということで，実験台上でどちらに置くかということとは関係がない．

　一般に電池は，$ZnSO_4(C_1)|Zn$ や $CuSO_4(C_2)|Cu$ のように，電解質溶液に金属を接触させたものを素焼き板または塩橋を介して反対向きに二つ組み合わせて作られる．その一方を半電池または単に電極という．二つの電極の組み合わせで得られた電池の起電力は，各電極に固有の量の差として得られる．この電極に固有の量は電極電位と呼ばれ，その基準となる特別の電極として次のようにして作られた「標準水素電極」が選ばれる．水素は金属ではないが，水素イオンという陽イオンになることは知っている通りである．ただ，水素ガスは電気を導かないので電位を測ることはできない．そこでまず白金を陰極として H_2PtCl_6 水溶液を電気分解して微粒状の白金，いわゆる白金黒を析出させ，表面の触媒能力を強化したものを用意する．これに 1 atm の水素ガスと，1 mol/L の塩酸を接触させると，水素イオンと水素ガスとの間の電子のやりとりが円滑に進んで平衡が成立し，接触する白金がその平衡電位を示すようになる．標準水素電極はこのようにして作られた電極（図 14.2）で，その電極電位が 0 と決められた．そして一般の電極の電極電位は，この標準水素電極を左に，問題の電極を右に接続して作った電池の起電力と定義された．このように

14.2 電池の起電力と電極電位

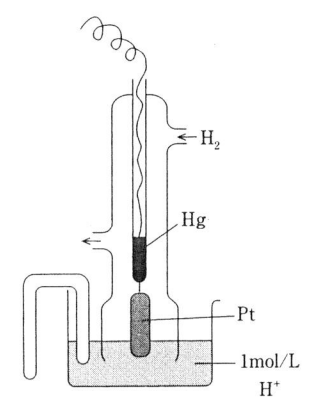

図 14.2 標準水素電極

決めると，一般の電池の起電力 ε と両極の電極電位の間には次の関係がある．

$$\varepsilon = (右極の電極電位) - (左極の電極電位) \quad (14.2)$$

$C = 1\,\mathrm{mol/L}$ の濃度のときの電極電位を標準電極電位といい，イオン化傾向の大きい金属ほど絶対値の大きいマイナスの値をもっている（表14.1）．

電極電位 E の値は電解質溶液の濃度 C に依存し，標準電極電位 E_0 との間に，

$$E = E_0 + 0.0001984\,(T/z)\log_{10}(\gamma C) \quad (14.3)$$

が成り立つ．z は価数，γ は補正項である（電極電位に対するネルンスト (Nernst) の式）．

例題 14.4 表14.1から $\mathrm{Zn|ZnSO_4(0.001\,mol/L)\|CuSO_4(1\,mol/L)|Cu}$ の起電力を計算せよ．ただし温度は 25℃（=298 K），補正項 γ は1とみなす．

[解答] 右極の電極電位 $= 0.337 + 0.0001984 \times 298/2 = 0.3666$
　　　　左極の電極電位 $= -0.763 + 0.0001984 \times 298 \times (-3)/2 = -0.8517$
　　　∴　起電力 $= 0.3666 - (-0.8517) = 1.218\,\mathrm{V}$

水素電極は今までは純粋に研究の基準として使われるものとの認識が強かっ

表 14.3 標準電極電位 E^0 [V, 25℃]

反応	E^0	反応	E^0
$K^+ + e^- \rightleftarrows K$	-2.93	$Sn^{4+} + 2e^- \rightleftarrows Sn^{2+}$	$+0.15$
$Na^+ + e^- \rightleftarrows Na$	-2.71	$Sb^{3+} + 3e^- \rightleftarrows Sb$	$+0.2$
$Mg^{2+} + 2e^- \rightleftarrows Mg$	-2.36	$Bi^{3+} + 3e^- \rightleftarrows Bi$	$+0.320$
$Al^{3+} + 3e^- \rightleftarrows Al$	-1.66	$Cu^{2+} + 2e^- \rightleftarrows Cu$	$+0.337$
$Zn^{2+} + 2e^- \rightleftarrows Zn$	-0.768	$I_2 + 2e^- \rightleftarrows 2I^-$	$+0.536$
$2CO_2 + 2H^+ + 2e^- \rightleftarrows H_2C_2O_4$	-0.49	$O_2 + SH^+ + 2e^- \rightleftarrows H_2O_2$*	$+0.682$
$S + 2e^- \rightleftarrows S^{2-}$	-0.447	$Fe^{3+} + e^- \rightleftarrows Fe^{2+}$	$+0.771$
$Fe^{2+} + 2e^- \rightleftarrows Fe$	-0.440	$Hg_2^{2+} + 2e^- \rightleftarrows 2Hg$	$+0.788$
$Ni^{2+} + 2e^- \rightleftarrows Ni$	-0.250	$Ag^+ + e^- \rightleftarrows Ag$	$+0.799$
$CO_2 + H^+ + 2e^- \rightleftarrows 1/2 H_2C_2O_4$	-0.2	$HO_2^- + H_2O + 2e^- \rightleftarrows 3OH^-$	$+0.878$
$N_2 + 5H^+ + 4e^- \rightleftarrows N_2H_5^+$	-0.17	$Br_2 + 2e^- \rightleftarrows 2Br^-$	$+1.09$
$Sn^{2+} + 2e^- \rightleftarrows Sn$	-0.136	$Cr_2O_7^{2-} + 14H^+ + 6e^- \rightleftarrows 2Cr^{3+} + 7H_2O$	$+1.33$
$CrO_4^{2-} + 4H_2O + 3e^- \rightleftarrows [Cr(OH)_4]^- + 4OH^-$	-0.13	$Cl_2 + 2e^- \rightleftarrows 2Cl^-$	$+1.36$
$Pb^{2+} + 2e^- \rightleftarrows Pb$	-0.126	$HOCl + H^+ + 2e^- \rightleftarrows Cl^- + H_2O$	$+1.49$
$Fe^{3+} + 3e^- \rightleftarrows Fe$	-0.04	$Au^{3+} + 3e^- \rightleftarrows Au$	$+1.50$
$2H^+ + 2e^- \rightleftarrows H_2$	$+0.00$	$MnO_4^- + 8H^+ + 5e^- \rightleftarrows Mn^{2+} + 4H_2O$	$+1.51$
$Sn^{4+} + 4e^- \rightleftarrows Sn$	$+0.05$	$MnO_4^- + 4H^+ + 3e^- \rightleftarrows MnO_2 + 2H_2O$	$+1.70$
$SO_4^{2-} + 4H^+ + 2e^- \rightleftarrows H_2SO_3 + H_2O$	$+0.172$	$H_2O_2 + 2H^+ + 2e^- \rightleftarrows 2H_2O$**	$+1.78$
$Cu^{2+} + e^- \rightleftarrows Cu^+$	$+0.15$	$F_2 + 2e^- \rightleftarrows 2F^-$	$+2.87$

*：還元作用，強酸化剤に対して　**：酸化作用，還元剤に対して

たが，メタノールから水素を作る技術が進み，触媒の開発や扱いやすい装置の開発の結果，これを電気自動車の動力源としたり，工業用ならびに家庭用発電機に利用することが急に現実のものとなってきた．

　電池の場合，活性金属は電解液中に陽イオンとして溶け出し，導線側に電子が流れ出るのでテスターに対しマイナスを示す．しかし，これを陰極と呼ぶと，電気分解のとき陽イオンが陰極に向かうのと反対で混乱を招きやすい．そこで電池については，電気分解とは別系統の名称として，電子が流れ出る電極を負極 (negative electrode)，電子が流れこむ電極を正極 (positive electrode) と呼ぶ．負極で電池反応に与かるのはイオン化傾向の大きい金属で，負極活物質という．活性の金属は表面に出すと酸化されやすいので，封入した中に入れ，安定な金属を表面に付けてこれとの間を導線で連絡する．正極で電池反応に関わるのは電子を取り込む働きのあるもの，つまり酸化剤で，これを正極活物質という．

　イオン化傾向の大きいリチウムを用いた最初の電池は 1971 年に開発され，

14.2 電池の起電力と電極電位

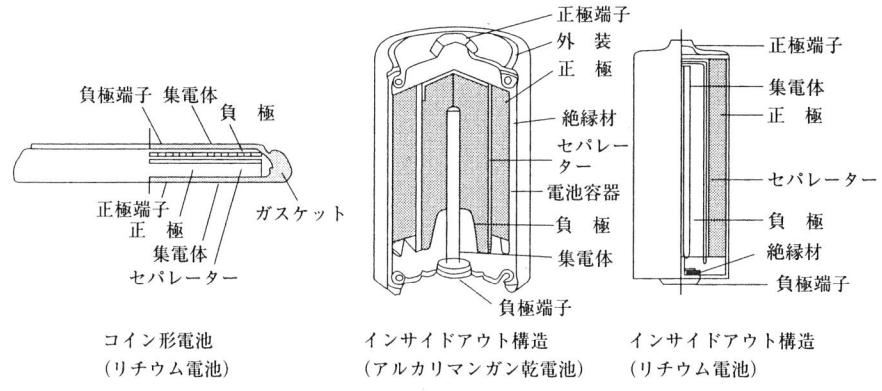

```
コイン形電池          インサイドアウト構造        インサイドアウト構造
（リチウム電池）      （アルカリマンガン乾電池）    （リチウム電池）
```

図 14.3 種々の新型電池（日本化学会編，化学便覧応用化学編第 5 版，丸善，1995 より）

正極活物物質としてフッ化黒鉛を用いた．その後，改質した二酸化マンガンを用いたものも開発され，これらは優れた性能のため，ビデオカメラなど種々の携帯用電子機器に用いられる．いわゆるアルカリ乾電池というのはアルカリ金属を負極活物質とするものではなく，亜鉛―二酸化マンガン電池の電解質として通常の塩化アンモニウムに代えて酸化亜鉛を溶かした水酸化カリウム濃溶液を用いた，アルカリマンガン電池で，電圧は普通のマンガン電池と変わらないが，材料や構造に種々の工夫がされており，高性能であるが高価である．また電気カミソリなどに使う充電可能なニッケルカドミウム二次電池も電解質として水酸化カリウム溶液を用い，負極活物質はカドミウム，正極活物質は水和酸化ニッケル(III)を用いたもので，広く用いられるため，単にアルカリ蓄電池といえばこれを指す．

鉛蓄電池は負極が金属鉛，正極が鉛の表面に酸化鉛(II)を電着させたものを希硫酸につけたもので，放電によって両極とも硫酸鉛(II)になる．電極反応は，

  正極では： $PbO_2 + 4H^+ + SO_4^{2-} + 2e^- \longrightarrow PbSO_4 + 2H_2O$,
  負極では： $Pb + SO_4^{2-} \longrightarrow PbSO_4 + 2e^-$

で，可逆性が良好で，優れた代替品もなく，廃品からの鉛の回収能率もよく，開発から 140 年を経た今も広く使われる．

例題 14.5 鉛蓄電池の放電で 0.200 A の電流を 2 時間 40 分 50 秒流すとき，
a) 正極と負極の質量の変化はそれぞれ何 mg か．増減も明記すること．
b) 電解質溶液に含まれる硫酸の量の変化は何 mg か，また何 mol か．

[解答] 電気量は $0.200 \times (3600 \times 2 + 60 \times 40 + 50) \text{C} = 0.200 \times 9650 \text{C} ≒ 0.0200 \text{F}$. 反応式から 2 F の電流が流れると正極は $PbSO_4 - PbO_2 = 64 \text{g}$ 増加し，0.02 F では 0.64 g＝640 mg の増加になる．また負極は 2 F で $PbSO_4 - Pb = 96 \text{g}$ 増加するから，0.02 F では 0.96 g＝960 mg の増加になる．液中の硫酸は 2 F で，$H^+ + 2SO_4^{2-} = 196 \text{g} = 2 \text{mol}$ 減少するから，0.02 F では，1960 mg，つまり 0.02 mol 減少する．

新素材と新型電池

1970 年頃，有機高分子化合物の研究を進めていた白川は，金属光沢をもったポリアセチレンフイルムの生成に遭遇し，これをさらに追求してその成果を 1977 年に学会誌に発表した．この研究はとくに米国の物理学者ヒーガーと化学者マックダイアミッドの注目を引き，白川は渡米して三人の導電性ポリマーについての共同研究が始まり，次々と成果が挙げられた．この種の研究は，その後，世界的規模で発展し，コンデンサー，新型電池，電子部品の小型化，高性能化などを通じて情報機器を初めすべての電子機器の高性能化に大きく貢献した．またディスプレイや発光ダイオードへの応用も実現は近いといわれ，分子自身を IC 化，電子部品化する可能性も指摘されている．そして 2000 年のノーベル化学賞は白川，ヒーガー，およびマックダイアミッドの 3 人の学者に贈られた．

電池の場合，電子や電子欠如（正孔）による導電性だけでなく，イオンを電気の担い手とする電気伝導も重要で，普通これには電解液を用いるが，リチウム電池のように活性の金属を使う電池では，水溶液のような陽子（プロトン）を含む媒体を使うと，活性金属を侵して水素を発生させるので，有機エステルなどの非水溶媒に $LiClO_4$ を溶かしたものなどが用いられる．この部分を完全に固体化すれば堅牢で漏液の心配もなくなり，この種の材料への期待は極めて大きいが，現在のところ実用化されているのはある程度コストをいとわない心臓のペースメーカーに使われるリチウム電池などに限られている．しかしいくつかの新製品やそれを利用した機器の開発も報ぜられ，その普及が期待される．

14.3 酸化還元反応と電子

　有機化合物の反応の中には反応速度が遅く，完結までに時間のかかるものが少なくないが，無機化合物の場合は比較的速い反応が多く，中には瞬時に終わるものも少なくない，酸とアルカリの中和反応などはその典型的な例である．酸化還元反応にもそのような例が多く，もしそのとき別の生成物を生ずる副反応が起こらずに定量的に進み，しかも一方の試薬が強い色を持っている場合は，これを利用して滴定を行なうことができる．これを酸化還元滴定という．

　酸化還元滴定の中で最も一般的なのが過マンガン酸滴定とヨウ素滴定である．過マンガン酸カリウム（$KMnO_4$）はほとんど黒に近い濃い紫色の結晶で，水に溶かすと MnO_4^- の濃い赤紫色を呈する．これを硫酸酸性で還元すると，

$$MnO_4^- + 5\,e^- + 8\,H^+ \longrightarrow Mn^{2+} + 4\,H_2O \tag{14.4}$$

のように2価のマンガンイオンに還元されるが，Mn^{2+} の色は極めて薄い桃色で，薄い溶液は無色に近く，還元剤があるうちは MnO_4^- の色が消えたように感じる．MnO_4^- が5個の電子と反応することは，Mn の酸化数が7から2に変わったことを考えると理解しやすい．つまり<u>酸化剤としての $KMnO_4$ の価数は5である</u>．

　$KMnO_4$ は結晶として保存中にも，また水に溶かしたのちにもわずかに分解して褐色の水和酸化物を混入しやすいため，秤量によって正確な濃度の溶液を作るのは困難である．このため，およそ必要な量を秤りとって所要量の水に溶かしたのち，一度沸騰させてから一晩放置し，グラスフィルターでろ過して使うようにする．グラスフィルターに付着した酸化マンガンの沈殿は少量の過酸化水素を加えた希塩酸で洗えばたやすくとれる．$KMnO_4$ 溶液の標定には，普通，シュウ酸ナトリウム（$Na_2C_2O_4$）を正確に秤りとって水に溶かし，一定体積に薄めた溶液を用いる．反応は式（14.5），還元剤 $Na_2C_2O_4$ の価数は2である．

$$C_2O_4^{2-} \longrightarrow 2\,CO_2 + 2\,e^- \tag{14.5}$$

実際の操作では，シュウ酸ナトリウム標準溶液の一定量をビーカーにとり，適量の希硫酸を加えて60〜70℃に温めたのち，ビュレットから$KMnO_4$溶液を2〜3滴加えてかき混ぜる．最初は反応がゆっくりしていて赤紫色がしばらく持続するが，いったん消えたあとは生じたMn^{2+}が触媒となり，続いて加える$KMnO_4$の赤紫色は瞬時に消失する．消え方が遅くなったら滴下をゆっくりにし，わずかな赤色が消えずに残った点を終点とする．終点では還元剤の放出する電子の数と酸化剤の受けとる電子の数が等しくなり，中和の際の式（4.1）と同じ形の式が成り立つ．このようにして$KMnO_4$の濃度が決まったならば，今度は未知試料，あるいは濃度未知の還元剤試料について同様の操作を行う．

過マンガン酸滴定の主要な用途の一つとして，水試料中の還元性有機物の測定がある．その結果の表し方には，リットルあたりの過マンガン酸カリウム消費量（モル）のほか，種々の単位があるが，詳細は専門書を見られたい．

ヨウ素滴定では酸化剤の量を知るため，酸化剤にヨウ化カリウムと塩酸を加えてヨウ素を遊離させ，チオ硫酸ナトリウム溶液で滴定する．反応式は式（14.6）で，$Na_2S_2O_3$の還元剤としての価数は1である．終点付近でデンプン溶液を加えてヨウ素デンプン反応の青色に呈色させると，その消失で終点が鮮明になる．

$$I_2 + Na_2S_2O_3 \longrightarrow 2\,NaI + Na_2S_4O_6 \qquad (14.6)$$

溶液内で起きる酸化還元反応は，電子式を使うと，たとえば式（14.4）と（14.5）のように2つに分けて書くことができ，それぞれを含む溶液に白金電極をつけて両者を塩橋で連絡すれば電池を作ることができる．

例題 14.6 表12.1を参考にして，次の反応が進行するかどうか判断せよ．ただし，反応物質の濃度はいずれも1 mol/L程度とする．

 a) $Sn^{4+} + 2\,I^- \longrightarrow Sn^{2+} + I_2$,　b) $2\,Fe^{3+} + Sn^{2+} \longrightarrow 2\,Fe^{2+} + Sn^{4+}$

 c) $2\,MnO_4^- + 16\,H^+ + 10\,Br^- \longrightarrow 2\,Mn^{2+} + 5\,Br_2 + 8\,H_2O$

［解答］　進行するのはb）とc）．左辺の酸化種が右辺の酸化種より系列のうしろにあれば進行する．あるいは，左辺の還元種が右辺の還元種より先にあれば進む．

●まとめ

(1) 12族元素のイオン化エネルギーの値は前後の元素に比べてかなり高く、それらの電子配置が安定なことを示している.

(2) 12族に続く重金属元素はd電子を保持し、価電子のs電子とp電子を失ってd^{10}構造の擬希ガス型陽イオン（例 Zn^{2+}, Sn^{4+}）、あるいはp電子を失って$d^{10}s^2$型陽イオン（例 Sn^{2+}, Pb^{2+}）を作りやすい.

(3) 12族の金属の表面では、水素イオンが放電して水素ガスを発生する反応が進みにくい（水素過電圧が大きい）. このことはこれらの金属を電池の電極として利用するのに適している.

(4) 金属とこれに接触する電解質溶液との組み合わせを半電池または単に電極という. どのような電池も二つの電極を素焼き板または塩橋を介して反対向きに接続したものとして表すことができる.

(5) 電池の起電力は各電極に固有の量である電極電位の差として表される. 電極電位の基準には標準水素電極が使われる.

(6) 金属と接触する電解質溶液の濃度を1 mol/Lとしたときの電極電位を標準電極電位という. 還元性の強い金属ほど標準電極電位は負側にくる.

(7) アルカリ金属を使った電池は起電力が大きいので、反応性が強すぎて扱いにくい弱点を克服して新しい電池が開発されている.

問 題

14.1 $Pb|Pb^{2+}(0.1\,mol/L)\|Ag^+(0.01\,mol/L)|Ag$ の25℃の起電力を求めよ. 標準電極電位は $Pb^{2+}|Pb-0.126\,V$, $Ag^+|Ag\,0.799\,V$, $\gamma=1$ とする.

14.2 問題14.1の電池を放電させたとき起きる反応をイオン反応式で表せ.

14.3 $2\,Fe^{3+}+Sn^{2+}\rightarrow 2\,Fe^{2+}+Sn^{4+}$ の反応を利用してできる電池を電池記号で表せ（ヒント：両方の電極として白金Ptを浸して使う）.

14.4 同じ金属で、電解質溶液の濃度が異なる、$M|M^{z+}(c_1)\|M^{z+}(c_2)|M$ の起電力は $\varepsilon=0.0001984(T/z)\log_{10}(\gamma_2 c_2/\gamma_1 c_1)$ となることを示せ.

15. 遷移元素の出現と特徴

　先の5.3節で，第4周期以下ではアルカリ金属，アルカリ土類金属の後に3族から11族まで，第3周期までにはなかった特徴をもった元素群が現れ，それらは横同士の類似が顕著で，その性質が徐々に移り変わっていくという意味で遷移元素と呼ぶことを述べた．このように特異な性格の遷移元素も，化学の歴史の中で早くから知られたものが多く，これらの特徴の一つであるイオンの着色現象も，陶磁器のうわぐすりやガラスの着色に使われてきた．さらに磁性材料の分野でも，鋼材料としても，フェライト材料としても重要な地位を占めてきている．これらの元素の原子構造の特徴は，内部に完成してないd軌道を抱え，それらの準位の間で電子の遷移が起こりやすいのが着色の原因で，いわば心に傷を抱えていて「忍ぶれど色に出にけり」と表現することができよう．

15.1　遷移元素の特徴と化学的挙動

　この節ではまず遷移元素全体の特徴を挙げてその原因を考え，次いでそれらをいくつかのグループに分けてやや詳しく考察する．まず遷移元素全体の特徴は，
(1)　遷移元素の単体はすべて金属で，硬くて融点，沸点の高いものが多い．
(2)　2種類以上の酸化数を持つものが多い．
(3)　周期表で同じ族番号の元素の類似，つまり縦の類似よりも，同じ周期の隣の原子番号の，横の類似の方が顕著である．

15.1 遷移元素の特徴と化学的挙動

(4) 錯体を作る傾向が強い．
(5) 色のある化合物が多い．
(6) 単体や化合状態で磁場内に引かれる常磁性や強磁性を示すものが多い．
(7) 金属単体や化合物に触媒作用を持つものが多い．

などである．それぞれの原因について考えてみると，(1)の単体のすべてが金属というのは，新しく追加される電子はすべて内殻に入り，最外殻電子数はつねに1～2個で，これらは自由電子として金属結合に関与するからである．しかしこのような自由電子だけでは金属の硬さや高い融点，沸点は説明できない．その原因として水島と市嶋は遷移金属同士の結合へのd軌道（クローバ組）の電子の関与を指摘した．周期表の第2，第3周期では硬くて融点，沸点の高い単体を作るのは周期の中央の炭素，ケイ素で，これには2p，3p（双葉組）電子による原子間の強い共有結合の関与が考えられる（表7.1参照）．ところが第4周期以降では硬さ，融点，沸点の極大は完全に遷移系列の中央の5～6族のMo，Ta，Wの前後に移っている（図15.1）．このあたりはちょうどd軌道が半分ほど満たされ，原子間の結合にd電子による共有結合的な関与があると考えると理解しやすい．第14章で述べたように，d軌道の充填が

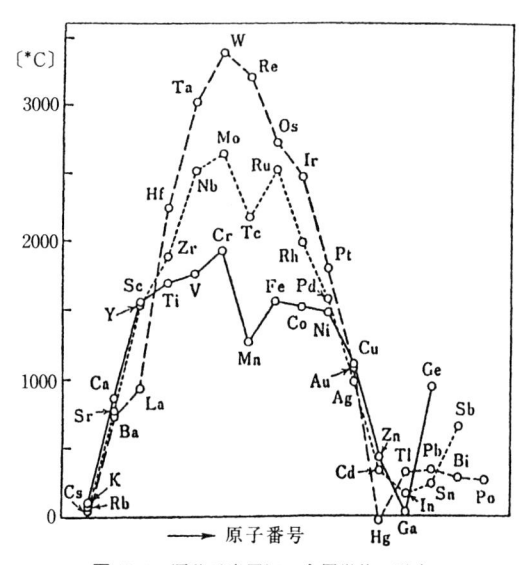

図15.1 遷移元素周辺の金属単体の融点

完了した 12〜13 族前後に融点，沸点の極小がくるのも，この考えを支持するのでないか．

　(2), (3) は，電子を失って陽イオンになる場合，d 電子数が多くなると，一部の d 電子を残したまま陽イオンになることがあり，その数が定まらないからである．ただし，もともと d 電子が 1 個しかなくて，s 電子 2 個と d 電子 1 個を一挙に失って 3 価陽イオンになりやすい Sc, Y, La にはあてはまらない．

　(4) の錯体の生成はアルカリ土類金属元素より陽性の低い金属の通性で遷移元素に限ったことではないが，遷移金属の場合，錯形成に d 軌道が関与することが多く，多様な錯体ができる．錯形成については，先に第 10 章で述べた．

　(5) もイオン内に何個か d 電子が残るとき，異なった電子状態間の遷移のため着色するもので，d 電子を持たない Sc^{3+}，Y^{3+}，La^{3+} は無色である．

　(6) の常磁性，強磁性も単体や化合物中の不対 d 電子による．電子はスピン角運動量とともに微小磁石として，磁気モーメントを持つ．二つの電子が対を作ると，これらの磁気モーメントは打ち消し合うが，対を作らない電子を持つ原子は全体として小磁石として働き，種々の磁性の原因となる．

　(7) の触媒作用は，酸化数が変わりやすく，他の化合物の酸化還元に関与し，あるいは他の分子と錯体を作り電子状態に影響を与えることなどが考えられる．

　遷移元素全体について見ると，各系列の前半は親石元素で硬い陽イオンを作るのに対し，後半は親銅または親鉄元素で，軟らかい陽イオンを作るといえる．または，d 軌道が空に近い陽イオンはハード，いっぱいのはソフトといってもよい．

　以上概括的なことを述べたが以下個々の元素についても検討しよう．まず 3d 軌道が充填される第 4 周期の鉄族遷移元素の化学性質を表 15.1 にまとめる．

　これを見て感じられるのは，それらはある程度似通った挙動を示すものの，明確な規則性がつかみにくい点である．先の 14 章で，12 族およびそれに続く族の元素はそれまでに充填された内殻電子を放出する傾向がなく，外殻電子のみを失うため，それらの酸化数は族番号の下の桁の数字，また s 電子対を保持するときはこの数から 2 を減じたものになるとの極めて簡単な規則を紹介し

表 15.1 第 4 周期遷移元素（鉄族）のおもな陽イオン

族 記号	III Sc	IV Ti	V V	VI Cr	VII Mn	VIII Fe	IX Co	X Ni	XI CU
2+イオンの色			紫	青	微赤	淡緑	淡赤	緑	青
同上 d 電子数			3	4	5	6	7	8	9
同上安定性			容易に酸化	容易に酸化	安定	空気で酸化	安定	安定	安定
3+イオンの色	無色	紫	青	紫	赤	無色	青		
同上 d 電子数	0	1	2	3	4	5	6		
同上安定性	安定	空気で酸化	空気で酸化	安定	容易に還元	安定	容易に還元		

た．

ところが遷移元素の場合，上に述べたように陽イオンの中に一部 d 電子が残ることが多いためにそのような明快な規則は望めない．そこでやや概括的な傾向をまとめてみると，若干の例外はあるものの，第 4 周期遷移系列前半の Sc から Cr までは酸化数 +III の塩類，後半の Mn から Cu までは酸化数 +II の塩類が安定といえる．そしてそれらの塩類は着色や磁性の点を除けば，第 3 周期典型元素の Al^{3+} や Mg^{2+} の塩類に似ていて，ミョウバン，$M^I M^{III} SO_4 \cdot 12 H_2O$（8.2 節参照）や硫酸マグネシウム $MgSO_4 \cdot 7 H_2O$ と同形の（結晶内の原子配置が同じ）結晶を作る．個々の場合について d 電子の数まで含めて考えてみると，さらに立ち入った考察が可能になる．これは次のように整理することができる．

(a) 系列前半の元素は 4 s 電子と 3 d 電子をすべて失って族番号に等しい酸化数の化合物を作りやすい．これはこの遷移系列に先立つ希ガスの Ar と同じ電子配置を取る傾向による．これらのうち高酸化数の K_2CrO_4 や $KMnO_4$ は強い酸化剤である．Cr(VI)の酸化還元反応については，第 3 章の例題 3.3 でとり上げ，まず中心原子の酸化数の変化を求めると，反応の係数が求めやすいことを説明した．この機会に復習し，さらに章末の問題 15.1 も解いてみてほしい．

(b) 普通単純な金属の陽イオンとして扱われるものも 6 分子程度の水分子が酸素原子を介して配位していると考えられる．ただ第 4 周期の鉄族元素の場合その結合は二，三の例外を除いておおむね弱く，水分子の電子は金属イオン

の電子数とは別に考える．その場合，5種類のd軌道に1個ずつ，合計5個の電子が入った，Mn^{2+} や Fe^{3+} の水和イオンはとくに安定である．同じ軌道には2個まで電子が入れるものの，2個以上入ると電子同士の静電反発が大きく不安定になるが，1個ずつ入ればこれを回避できるからである（"半満軌道" (half-full) の安定性）．

(c) NH_3，有機アミンなどを主体とし，ときに少数のハロゲン化物イオンや水分子が混合配位したCr(III)やCo(III)の六配位八面体錯体には安定なものが多く，ウエルナーは配位化学の研究題材として盛んに用いた（10.1節参照）．ただし，$[Co(H_2O)_6]^{3+}$ は例外で，$[Co(H_2O)_6]^{2+}$ に還元されやすく不安定である．

3d軌道の充填は，遷移系列に続く元素の性質にも影響する．5.2節の元素の陰陽のところで述べたように，同殻の電子が充填されるときの遮蔽効果は不完全で，原子番号が進むにつれて核電荷の増加の効果がまさって次第に電気的に陰性になる．このためd軌道の充填が終わった亜鉛は3d軌道の充填の始まる前のカルシウムに比べると陽性はずっと弱く，水酸化亜鉛は酸にもアルカリにも溶ける両性を示し．亜鉛の塩類にはカルシウムの塩類より一周期前のマグネシウムの塩類に似たものが多い．この影響はその後もしばらく残り，遷移系列終了後の第4周期後半には第3周期に極めてよく似た元素が多い．典型的な例としてPとAs，SとSe，ClとBrの組がある．なおこの近傍の第4周期以下の重金属の特徴は難溶性の硫化物を作る点で（12.2節参照），メンデレーフが彼の予言したGaとGeについてもその可能性を指摘していたのは注目される．

一方で空のd軌道の存在は<u>遷移元素出現以前</u>の諸元素の性質にも影響する．第2周期のBeは四水和イオンを作り，Bは BF_4^- のような四配位錯イオンを作るが，第3周期のMgやAlは六水和イオンを作りAlからSまでの諸元素は AlF_6^{3-} や SF_6 のような六配位正八面体型の錯陰イオンや気体分子を作る．このような違いは外殻付近のd軌道の有無によって説明できる．六配位の結合の生成には6つの独立な軌道が必要であるが，第2周期の外殻には一つの2s軌道と三つの2p軌道しかない．第3周期では価電子の3s，3p軌道の近くに空の3d軌道があり，これが関与することによって六配位結合の生成が可能

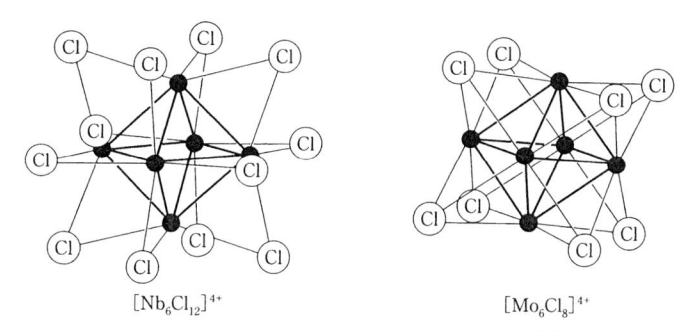

15.1 遷移元素の特徴と化学的挙動

[Nb$_6$Cl$_{12}$]$^{4+}$　　　　　　　　[Mo$_6$Cl$_8$]$^{4+}$

図 15.2　クラスターイオンの構造例（中原昭次ほか，無機化学序説，化学同人，1985．より一部改変）

になる．

次に 4d 軌道あるいは 5d 軌道が充填される第 5，第 6 周期の遷移元素について考えてみる．この場合は 6 族の Mo や W の＋VI 価のオキソ酸塩などのように高酸化数のものが比較的安定で，Ru や Os では RuO$_4$ や OsO$_4$ のような化合物もできる．一方，周期表のこの前後の元素の低酸化数の化合物には一つの分子やイオン内に複数個の金属原子が結合しあって，いわゆるクラスター化合物を作る場合が多い（図 15.2）．これは先の金属の硬さや高融点の説明で述べた d 電子の共有による遷移金属間の結合生成のもう一つの有力な証左になる．

第 6 周期の La では前 2 周期同様に新しい d 軌道の 5d に 1 個電子が入るが，次の Ce で新しい電子は 5d 軌道ではなく，初めて 4f 軌道に入る．その後は f 軌道の充填が続き，原子番号が 14 番後の Lu で完了する．これら 4f 軌道の充填途上の元素は 4f 軌道に電子のない La に極めてよく似た化学的性質をを示し，まとめてランタノイド系列（lanthanoid seiries）という．これは f 軌道が d 軌道よりさらに内側にあり，化学的挙動にほとんど影響しないためと考えられる．Sc, Y, La およびタンタノイド元素ははすべて親石元素で，地殻中の含有量は少なくないが，元素としての確認が遅れて当初希な元素と思われ，今も希土類元素（rare earth elements）と呼ぶ．

例題 15.1　4f 遷移系列では原子番号とともに電気的陰性に傾き，原子半径やイオン半径が小さくなる傾向があり，ランノイド収縮という．理由を説明せ

よ．

[解答] 上述の3d軌道充填に伴う陰性化と同様に（6.2節参照），同殻電子による遮蔽効果の不完全で説明できる（図6.1参照）．すなわち，同殻電子が充填される過程では新規電子への遮蔽効果は弱くて核荷電の増加の影響がまさり，電気陰性の増加や半径の減少が起こる．

15.2 遷移元素化合物の色

物の色は光の選択吸収または選択反射が原因で，透明溶液では吸光係数の波長分布，つまり吸収スペクトルで表される．ある物質を水に溶かすとき，水と反応することがなければ，液層に I_0 の強さの光が入射し，d cm の液層を通過後光の強さが I になった場合，

$$-\log_{10}\left(\frac{I}{I_0}\right) = \varepsilon cd \tag{15.1}$$

の関係がある（ランバート-ベールの法則）．c の単位として mol/L を用いるとき，定数 ε をモル吸光係数といい，ε の波長に対するグラフを吸収スペクトルという．遷移金属錯体の吸収スペクトルは，ウェルナー以後，とくにわが国で盛んに研究され，なかでも1940～50年頃，当時大阪大学の槌田らによって見出された分光化学系列は重要である．すなわち，金属錯体の配位子で次の系列のうしろのものを前のもので置き替えるとき，吸収帯の極大の位置は短波長側に移動する．

CN^-, NO_2^-, NH_3, $NCS^- \sim H_2O$, ONO^-, OH^-, $SCN^- \sim Cl^-$, Br^-, I^-

当時その理由は明らかでなかったが，20世紀後半になって遷移元素のd電子についての理論的研究が進展し，かなり立ち入った説明が可能になった．その際とられた方法の一つは，d電子のエネルギー状態に対する荷電の影響を考察する結晶場の理論の手法である．当面話を簡単にするため，配位子の電子対を単なるマイナスの荷電と考えて，d電子のエネルギーに対する影響を考察する．d軌道には5種類あり，それらの電子雲は図13.4に図示した．これらのうち，$d_{x^2-y^2}$ 軌道と d_{z^2} 軌道（e_g 軌道，図15.3）では電子雲の方向が座標軸方

15.2 遷移元素化合物の色

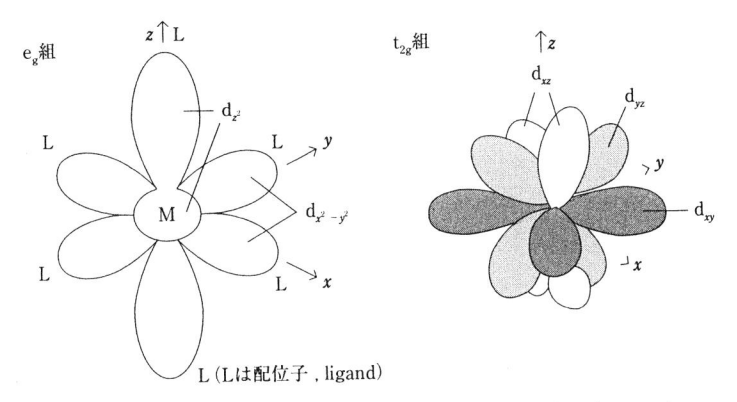

図 15.3 d 軌道（クローバ組電子雲）の分類（図 13.4 と見比べられたい）．

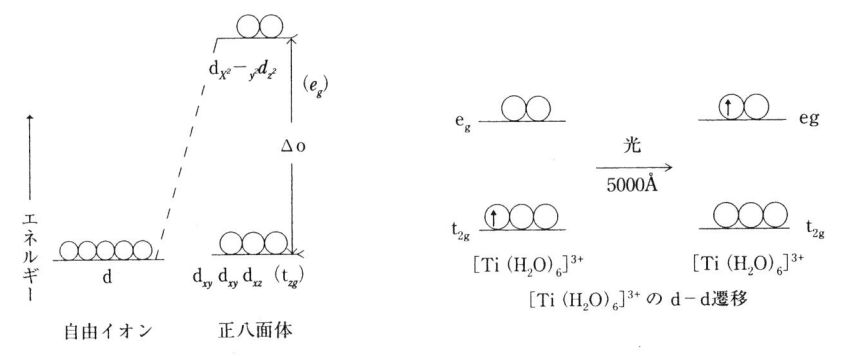

図 15.4 d 軌道の結晶場分裂と電子遷移

向と一致し，d_{xy}，d_{xz}，d_{yz} の三つの軌道（t_{2g} 軌道，同図）では電子雲の方向は座標軸の中間の方向を向いている．配位子が座標軸上にあるとき e_g 軌道の電子は配位子の電子対から反発を受け，エネルギーが高くなるが，t_{2g} 軌道のエネルギーはあまり変化せず，分裂が起きる（図 15.4）．このような分裂で，電子が低い方の準位から高い方に移るとき，ある範囲の光を選択的に吸収するのが遷移金属錯体の色の原因であると考える．そして分光化系列はそのような配位子の電荷の与える影響の大きさの順序で，系列の前のものほど配位子が d 電子に大きな影響を与え，準位を大きく分裂させるために，その間の遷移で吸収される光の波長が短い方に移動すると考える．

また別の考え方では，10.2 節で説明したように，<u>配位結合は配位子から金</u>

属イオンに電子対が供与されてできると考え，これに関係する軌道の間の相互作用によるエネルギー変化を考察する．配位子の電子対が遷移金属イオンに供与される場合，この電子対は中心金属イオンの一部の軌道と相互作用を起こす．このような相互作用によって，配位子の電子対は安定化されてその軌道のエネルギーは低下する一方で，これと相互作用する金属イオンの軌道のエネルギーは"持ち上げられる"．たとえば，鉄族陽イオンの場合，このような配位結合にによって不安定化を受けやすいのが，配位子の方向に極大の密度を持つ $d_{x^2-y^2}$ と d_{z^2} （先の議論の e_g 軌道，図15.2にあたる）である．その結果，金属イオンがもともと持っていた3d電子は，残り3種のd軌道である d_{xy}, d_{xz}, d_{yz} (t_{2g} 軌道，同図）に追いやられる．Cr(III)の場合3個の3d電子があり，t_{2g} 軌道に一つずつ別れて入る．Co(III)では6個の3d電子で t_{2g} 軌道が満たされる．これに対して金属イオンの e_g 軌道は，配位子軌道との間で供与結合ができる結果，もとのd軌道のときよりエネルギーがいくらか高くなる．そして，供与結合に関与しない t_{2g} 軌道から，このようにして持ち上げられた e_g 軌道への電子遷移がこれら錯体の色の原因と考える．得られた結論は定性的には結晶場の理論の場合と同様で，事実と矛盾しない．実際の状況は配位子の供与結合的な効果と電子対の静電的な効果の両方が働いていると見られ，これらを含めて配位子場の理論と呼ぶ傾向にある．つまり分光化学系列は配位子場の強さの順を表すと考えられる．

例題 15.2 CN^- の作る Mn(I) 錯体 $K_5[Mn(CN)_6]$ の電子状態を考察せよ．
[解答] これらは $K_4[Fe(CN)_6]$ （黄血塩）や上記コバルト(III)錯体と同様，6つの CN^- の電子対と Fe^{2+} の e_g 軌道（$d_{x^2-y^2}$ と d_{z^2}）との間に配位結合が形成され，Fe^{2+} の6個のd電子はすべて t_{2g} 軌道に入ると考えられる．

15.3 遷移元素化合物の磁性

電気現象のもとは粒子などの荷電と考えてよいが，磁性の場合単独のN極やS極はないと考えられる．一方，環状の回路を電流が流れると，回路の両面はN極とS極の働きをすることが知られている．一般に磁石の強さは磁界

> **磁石の歴史は繰り返す**
>
> 　磁性の認識は有史以前にさかのぼり，磁の字も互いに引き合う石の磁鉄鉱（Fe_3O_4）自身のために作られたらしい．その後，強力な磁石が鋼で作られ，磁性物質は石器時代から鉄器時代へと移った．その頃から日本の磁性材料の研究は本田光太郎のKS鋼や三島徳七のMK鋼によって世界をリードした．そして再び石器時代に回帰するきっかけも磁鉄鉱の不思議な魅力に取りつかれてその誘導体の研究に打ち込んだ加藤与五郎により作られ，その産物のフェライトは，維持電力を要しない瞬時アクセス可能な媒体のフロッピーディスクに成長し，半導体と並ぶ情報機器の担い手となった．

内で受ける偶力の大きさで測られ，磁気モーメントと呼ばれる．環状電流の磁気モーメントの大きさは電流の強さIと回路の囲む面積Sの積IS（cgsではIS/c）で与えられ，方向は電流方向に右ねじを回すときねじの進む方向である．そしてミクロの世界で磁性のもととなるのは，回転または自転する電子である．

例題 15.3　電子に古典的円運動を考え，磁気モーメントを角運動量で表せ．
［解答］　半径をr，速さをvとすると，電子の回転数は毎秒$v/(2\pi r)$である．電流Iは1秒間に軌道の一点を通過する電気量で，電子の電気量は$-e$だから，$I=-ev/(2\pi r)$．一方面積は$S=\pi r^2$で，角運動量は$l=m_e vr$だから，磁気モーメント$\mu_l=IS=-evr/2=-el/(2m_e)$　（cgsでは$-el/(2m_ec)$）．

　上の誘導は古典的なモデルを使っていて，正確とはいえないが，磁気モーメントと角運動量の比例関係のおよそのイメージをつかむのには役立つだろう．
　13.3節で，電子の回転角運動量やスピン角運動量の磁場方向成分は，$h/(2\pi)$を単位として表すと整数や半整数の簡単な関数となると述べた．したがって，上に得られた係数$e/(2m_e)$と$h/(2\pi)$の積$eh/(4\pi m_e)$を単位として磁気モーメントを表すと，測定に使った単位と無関係に同じ値になり，ボーア磁子と称して広く用いられる．これはSIで$eh/(4\pi m_e)=9.274\times10^{-24}$[J/T]，cgsでは$eh/(4\pi m_ec)=9.274\times10^{-21}$[erg/gauss]の値を有する．
　物質の示す磁気モーメントは物質内の分子や原子の持つ磁気モーメントの合

成量と考えられる．単位体積の物質の磁気モーメント M を**磁化**（magnetization）という．物質が磁場内におかれたとき，個々の分子や原子の持つ磁気的なエネルギーはその磁気モーメントの方向が磁場方向に近いものほど低い．つまり統計的に見ればそのような分子ほど多く存在する．これを配向という．遷移金属錯体の磁化 M は磁場の強さ H に比例することが多く，比例定数 χ を磁化率という．磁化率に密度を掛けたものを質量磁化率 χ_{mass}，これにさらに分子量を掛けたものをモル磁化率 χ_{mol} という．統計力学を適用すると，χ_{mol} は，

$$\chi_{mol} = \frac{N_A \mu_0 n_B^2 \mu_B^2}{3kT} \tag{15.2}$$

で与えられる．ただし n_B は金属イオンの磁気モーメントを μ_B 単位で表した値，k はボルツマン定数，T は絶対温度，N_A はアボガドロ定数，μ_B はボーア磁子の値，μ_0 は真空の透磁率である．この式により，磁化率の値から錯体分子やイオンの磁気モーメントが求められる．鋼やフェライトでは不対電子間の協調作用のためにさらに複雑で強力な磁性を示す．磁化率の測定には不均一な磁場内で磁性体が磁場の強い方に引かれる力を測るファラデー法などが使われる．

20世紀前半，ポーリングは多数の3d遷移元素錯体の磁化率を測定し，その大部分の n_B の値が $\{n(n+2)\}^{1/2}$ に近いことを見出した．ただし n は不対電子の数である．このことから彼は，多くの3d遷移元素の錯体では磁気モーメントに対する軌道角運動量の寄与は消失していると考えた．このことはこれらの化合物では3d電子が自由回転の軌道でなく，それらの干渉でできる定常波の軌道に入って結合に関与し，磁性に関与しないためと考えられる．

遷移金属錯体の場合，不対電子の数自身も配位子場の強さに影響される．配位子場が弱い場合は不対電子数が最大の状態が安定である（フントの規則，高スピンの場合）．高スピン錯体のd電子数と不対電子数の関係を図15.5に示す．一方，配位子場が強い場合は電子は対を作ってもエネルギーの低い t_{2g} 軌道に入ろうとし，d電子数と不対電子数の関係は図15.6のようになる．

例題 15.4 $[Cr(NH_3)_6]Cl_3$ の磁化率は cgs 単位でほぼ $1.85/T$ で表される．

15.3 遷移元素化合物の磁性

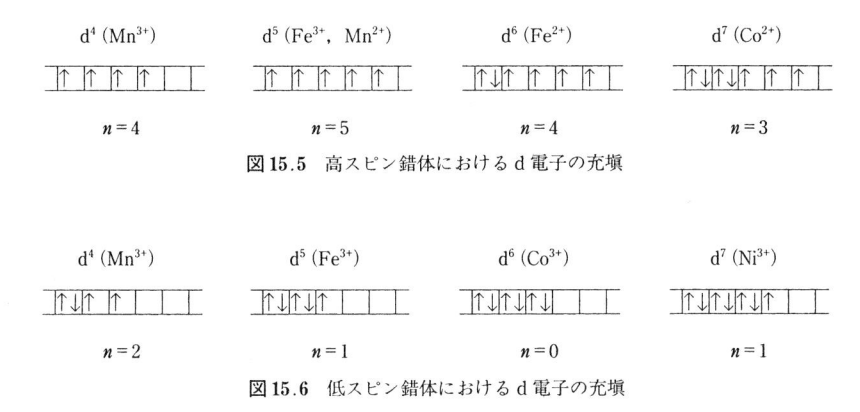

図15.5 高スピン錯体における d 電子の充填

d^4 (Mn^{3+}) $n=4$
d^5 (Fe^{3+}, Mn^{2+}) $n=5$
d^6 (Fe^{2+}) $n=4$
d^7 (Co^{2+}) $n=3$

図15.6 低スピン錯体における d 電子の充填

d^4 (Mn^{3+}) $n=2$
d^5 (Fe^{3+}) $n=1$
d^6 (Co^{3+}) $n=0$
d^7 (Ni^{3+}) $n=1$

これから不対電子の数を推定せよ.

[解答] 式 (15.2) に cgs 単位の数値を代入すると $\chi_{mol}=0.125\,n_B^2/T$ が得られる.これが 1.85/T に等しいためには,$n_B^2=1.85/0.125≒15$.ポーリングによれば n_B^2 は $n(n+2)$ で与えられ,n は 3 である.

●まとめ

(1) d 軌道の充填が始まる 3 族から充填が終わる 11 族までの元素は単体または常温の化合物中で d 電子数が 1〜9 の状態があり,遷移元素と呼ぶ.

(2) ①遷移元素は硬くて融点,沸点の高い金属単体を作り,②2 種以上の酸化数を持つものが多く,③周期表上で横の類似が顕著で,④錯体を作りやすく,⑤色のある化合物,⑥磁場の強い方に引かれる化合物,⑦触媒作用を持つ化合物が多い.これらの特性は不完全 d 殻で説明される.

(3) 3d 遷移系列,つまり鉄族元素のうち,系列の前半の元素は +III 価の,後半は +II 価の塩類を作りやすい.横の類似はとくに 3d 系列で著しい.

(4) 遷移元素化合物の色は,配位子場によって分裂した d 軌道の準位の間の遷移による光の選択吸収による.また,遷移元素化合物の磁性は,不完全 d 殻内の不対電子の磁気モーメントが外部磁場へ配向して起きる.

問　題

15.1 次の場合に起きる反応を反応式で記せ.
a) 過マンガン酸カリウムにヨウ化カリウムと塩酸を加える. b) クロム酸カリウム溶液にエタノールと塩酸を加える（CH_3CHO 生成）.

15.2 次の化合物中の不対電子の数およびボーアマグネトン数はいくらか.
a) $FeSO_4 \cdot 7H_2O$,　　b) $KFe(SO_4)_2 \cdot 12H_2O$　　以上高スピン
c) $K_3[Fe(CN)_6]$,　　d) $[Co(NH_3)_6]Cl_3$　　以上低スピン

章末問題の略解

ある程度の説明が必要と思われる問題は簡単な説明を加え、説明を要しないと思われるものは結果のみを記した．

第1章
1.1 Cu 100 に対する O の量を求めてみると一方の化合物では 12.587，もう一方では 25.172 で両方の比は $1.00:1.998 \fallingdotseq 1:2$．
1.2 $2\,NO + O_2 \longrightarrow 2\,NO_2$
1.3 ケイ素の地殻中の重量%は酸素に次いで高い．

第2章
2.1 Mg 2.43 g，Cl_2 7.09 g，NH_3 1.70 g，H_2S 3.41 g，AgCl 14.33 g
2.2 試料 2.48 g 中銅は 0.823 g で亜鉛は 1.657 g，重量%は銅が 33.2%，亜鉛が 66.8%．物質量比にすると $(0.823/63.55):(1.657/65.39)=0.01295:0.02534$．
∴ モル分率は，Cu が $0.01295/(0.01295+0.02534)=0.338$，Zn が $0.02534/(0.01295+0.02534)=0.662$．
2.3 27℃，1 atm で 492 mL の水素は 0.0200 mol で，これは 0.0200 mol つまり 1.307 g の亜鉛から発生したことになる．したがって，亜鉛の純度は，$(1.307/1.41)\times 100 = 92.7\,[\%]$．
2.4 0℃，1 atm で 213 mL の CO_2 は 0.0095 mol で，これは 0.0095 mol つまり 0.951 g の $CaCO_3$ から発生したことになる．したがってもとの石灰石の純度は約 95% である．
2.5 この水酸化カルシウム溶液 1 L 中には 0.01 mol の $Ca(OH)_2$ が含まれており，一方，0℃，1 atm で 112 mL の二酸化炭素は 0.005 mol であるから，これは水酸化カルシウムと反応して完全に吸収され，0.005 mol，つまり式量 100.1 の水酸化カルシウム約 500.5 mg が沈殿し，残った水酸化カルシウムの濃度は，0.005 mol/L になる．

第3章
3.1 $Ag:(Cu/2)=107.87:31.78$
3.2 陽子を p，中性子を n で表すと．$^2H:p\,1, n\,1$；$^6Li:p\,3, n\,3$；$^{12}C:p\,6, n\,6$；$^{17}O:p\,8, n\,9$；$^{23}Na:p\,11, n\,12$．

3.3 $6.015x + 7.015(100-x) = 694.1$；$x = 701.5 - 694.1 = 7.4[\%]$

3.4 $TiCl_4 + 2Mg \rightarrow Ti + 2MgCl_2$

第4章

4.1 1Lは1400gで，$1400 \times 0.636 = 890.4[g]$，すなわち $890.4/63.013 = 14.1$ [mol] の HNO_3 を含む．∴ 濃度は 14.1 mol/L

4.2 密度 $1.84 g/cm^3$ の硫酸 5.0 mL の質量は 9.2 g で，その 95% が H_2SO_4 だから，8.74 g が含まれる．H_2SO_4 の分子量は 98.08 だから，これは 0.0891 mol．これが1Lに含まれるからモル濃度は 0.089 mol/L．

4.3 気体の体積 V と物質量 n との関係は，$PV = nRT$ から，$n = PV/RT$．HCl の物質量は $246/(0.082 \times 300) = 10.0$ [mol]．∴ 濃度は 10.0 [mol/L]．

4.4 最後に残った塩酸は $0.100 \times 0.030 = 0.0030$ mol．最初の塩酸には，$0.100 \times 0.040 = 0.0040$ mol 含まれていたから，その差 0.0010 mol がアンモニアの中和に使われたことになる．これは 0.014 g の窒素に相当する．∴ N の含有量は $(0.014/0.059) \times 100 = 23.7[\%]$．

第5章

5.1 式 (5.4) で $c_A = c_B = 1$ であるから，$[H^+] = K_A = 1.75 \times 10^{-5}$．∴ $pH = -\log_{10}(1.75 \times 10^{-5}) = -(0.243-5) = 4.76$．

5.2 式 (5.9) により，互いに共役な酸と塩基の K_A と K_B の積は $K_W = 10^{-14}$ に等しいから，CH_3COO^- の K_B は，$K_W/K_A = 10^{-14}/(1.75 \times 10^{-5}) = 5.7 \times 10^{-10}$．また NH_4^+ の K_A は，$K_W/K_B = 10^{-14}/(1.79 \times 10^{-5}) = 5.6 \times 10^{-10}$

5.3 $[H^+] = K_A[A]/[B] = (10^{-14}/K_B)([A]/[B]) = 10^{-9}$
∴ $[A]/[B] = 10^{-9} K_B/10^{-14} = 1.79$

第6章

6.1 周期表の同じ族のメンバーは下に行くほど，つまり周期のあとのものほど陽性が強い．これは周期があとのものほど外殻電子の主量子数が大きく，電子がとれやすくなるためである．また同じ周期では右に行くほど，つまり族番号が増えるにつれて陰性になる．これは同殻の電子による遮蔽効果は不完全で，核電荷の増加の効果が勝ち，外殻電子はとれにくく陰性に傾く．

6.2 最初沈殿するのは $Ca_2C_2O_4$ であるが，灼熱して CaO に変えて秤るので，なかの Ca は $27.3 \times 40.08/(40.08 + 15.999) = 19.5$ [mg]．試水の密度を 1 とみなすと，含量は $(19.5/1000) \times 100 = 1.95[\%]$．

第7章

7.1 p.60, 5～6行目の説明参照．

7.2 ケイ酸塩の色はケイ素と酸素とからできる網目状の構造の中の遷移元素の陽イ

章末問題の略解　　　149

オンによる光の選択吸収によって起こる．あとの第15章で詳しく考察するが，簡単にいえば，ケイ酸イオンの影響で分裂した遷移元素の陽イオンのエネルギー準位の間で電子が移り変わることによっ生じると考えられる．これらの色はしばしばケイ酸塩に属する陶磁器やガラスの着色に利用される．

7.3 うわぐすりは普通，透明で融点のやや低いケイ酸塩混合物で，陶磁器の表面につけて焼き，表面の艶を出し，強度を増すなどの目的に使われる．また p.66 下に述べた着色剤を加えて陶磁器に色や絵を付けるのに利用される．

第8章

8.1 p.70 終わりに述べたように，ホウ酸はアンモニアを捕捉するだけで中和の計算には関係しないので，問題 4.4 の場合より簡単である．すなわち窒素から生じたアンモニアは，$0.100 \times 0.0300 = 0.00300$ mol で，窒素も 0.00300 mol，つまり 0.042 g あったことになる．∴　14.0％．

第9章

9.1 S の量は $0.233 \times 32.07/(137.33+32.07+64.00) = 0.0320$ g．$0.0320/0.300 = 0.107$，すなわち 10.7％．

9.2 NO_3^- も 0.00112 mol で，これは $(14.01+16.00\times 3)\times 0.00112 = 0.0694$ g で，$0.0694/0.325 = 0.214$，すなわち 21.4％．

第10章

10.1 a) 6,　b) 8,　c) 4

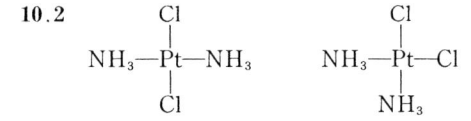

10.2

$$\begin{array}{c} \text{Cl} \\ | \\ NH_3-Pt-NH_3 \\ | \\ \text{Cl} \end{array} \qquad \begin{array}{c} \text{Cl} \\ | \\ NH_3-Pt-\text{Cl} \\ | \\ NH_3 \end{array}$$

10.3 図10.1 を参考に，各自試みよ．

第11章

11.1 a) $Pb(N_3)_2$,　b) $SiCl_4$,　c) $TiCl_3$,　d) $K_2C_2O_4$

11.2 a) 酢酸鉛(IV)　b) シアン化カルシウム
c) フッ化ウラン(VI)(六フッ化ウラン)　d) チオ硫酸ナトリウム

11.3 a) $Na[Sb(OH)_6]$,　b) $[CrCl(NH_3)_5](NO_3)_2$,　c) $K_3[Co(CO_3)_3]$

11.4 a) ヘキサニトロコバルト(III)酸ナトリウム,　b) ジクロロエチレンジアミン白金(II),　c) ジアクアテトラアンミンコバルト(III)硫酸塩．

第12章

12.1 $\rho = QM/(N_A V)$
$= 4 \times 107.87/(6.022 \times 10^{23} \times 4.086^3 \times 10^{-24}) = 10.50$

12.2 $\rho = (4 \times 40.08 + 8 \times 18.998)/(6.022 \times 10^{23} \times 5.463^3 \times 10^{-24})$
　　　　$= 3.18$

第13章

13.1 $E_n = -2.17869 \times 10^{-18} \times 6.02214 \times 10^{23}/1000\ n^2\ [\text{kJ/mol}]$
　　　　$= -1312/n^2\ [\text{kJ/mol}]$
　　　　$= -2.17869 \times 10^{-18}/(1.6022 \times 10^{-19} n^2)\ [\text{eV}]$
　　　　$= -13.598/n^2\ [\text{eV}]$

第14章

14.1 右極の電極電位 $= 0.799 + 0.0001984(298)\log_{10} 0.01$
　　　　左極の電極電位 $= -0.126 + 0.0001984(298/2)\log_{10} 0.1$
　　　　　起電力 $=$ 右極の電極電位 $-$ 左極の電極電位 $= 0.837\ (\text{V})$

14.2 $\text{Pb} + 2\ \text{Ag}^+ \longrightarrow \text{Pb}^{2+} + 2\ \text{Ag}$

14.3 $\text{Pt}|\text{Sn}^{2+},\ \text{Sn}^{4+} \parallel \text{Fe}^{2+},\ \text{Fe}^{3+}|\text{Pt}$

14.4 右極の電極電位 $= E^0 + 0.0001984(T/z)\log_{10}\gamma_2 c_2$
　　　　左極の電極電位 $= E^0 + 0.0001984(T/z)\log_{10}\gamma_1 c_1$
　　∴ 起電力 $=$ 右極の電極電位 $-$ 左極の電極電位
　　　　　　$= 0.0001984(T/z)\log_{10}(\gamma_2 c_2/\gamma_1 c_1)$

第15章

15.1 a) $2\ \text{KMnO}_4 + 10\ \text{KI} + 16\ \text{HCl} \longrightarrow 12\ \text{KCl} + 2\ \text{MnCl}_2 + 5\ \text{I}_2 + 8\ \text{H}_2\text{O}$
　　　　b) $\text{K}_2\text{Cr}_2\text{O}_7 + 3\ \text{C}_2\text{H}_5\text{OH} + 8\ \text{HCl} \longrightarrow 2\ \text{KCl} + 2\ \text{CrCl}_3 + 3\ \text{CH}_3\text{CHO} + 7\ \text{H}_2\text{O}$

15.2

	a)	b)	c)	d)
不対電子数	4	5	1	0
B.M.数	$\sqrt{24}$	$\sqrt{35}$	$\sqrt{3}$	0

索　　引

ア　行

アクセプター　70
圧力　15
アボガドロ　4
アボガドロ数　14
アルカリ　45
アルカリ乾電池　129
アルカリ金属　24
アルカリ蓄電池　129
アルカリ土類金属　24
アルミナ　73
アルミニウム　26
アレニウス　28
アンペア　109
アンモニア　70

イオン化エネルギー　54
イオン化傾向　127
一酸化窒素　98
陰イオン　11
陰性　54
隠蔽剤　91

ウェルナー　84

FZ法　61
$h\nu$　112
SI（基本単位）　16, 110
X線　101
エネルギー準位図　112
エルー　26
エルステッド　26
塩基　28
塩基性成分　66

カ　行

炎色反応　112
黄銅　18
オキソ酸　33
オストワルド法　98

外炎　112
回折　101
化学式単位の数　102
化学当量　19
可逆反応　38
角運動量の保存則　111
化合物　3, 6
硬い　77
活性金属　23
カニツァロ　5
貨幣金属　2
過マンガン酸滴定　131
ガルバーニ　21
還元　20
還元炎　112
緩衝溶液　43
カンデラ　110

希ガス　51, 81
擬（偽）希ガス型イオン　123
機器分析　91
輝線スペクトル　109
気体定数　16
気体反応の法則　4
起電力　125
軌道　115
軌道角運動量　117, 144
希土類元素　139

吸収スペクトル　140
協調作用　144
共役塩基　44
共役酸　44
共役の関係　44
共有結合結晶　105
供与結合　69
供与体　44
キレート滴定法　90
キログラム　109
金属キレート化合物　90
金属錯体の式と名称　95
金属ナトリウム　23

クラスター化合物　139
グラスフィルター　29
グラム　109

ケイ酸塩　64
ゲイリュサック　4, 15
結晶格子　102
結晶場の理論　140
結晶場分裂　141
ケプラーの法則　111
ケルダール法　37
ケルビン　109
原子　4
　　──の構造　9
原子核　9
原子吸光法　91
原子座標　102
原子スペクトル　109
原子説　4
原子発光分光法　91
原子番号　10

152　　　　　　　　　索　　引

原子量　5, 9
元素　2, 6
　　──の陰陽　52

光学異性体　86
光学活性　86
高スピン錯体　144
紅ゆう　66
光粒子　112
国際純正応用化学連合　13
国際単位系　16
固溶体　7
孤立電子対　69
混合物　6

サ　行

最外殻電子数　50
錯陰イオン型錯体　97
錯形成　88
錯形成滴定　90
錯体　85
錯陽イオン型錯体　96
サファイヤ　73
酸　28
酸化　20
酸化炎　112
酸化還元滴定　131
酸化還元反応　131
酸化数　22
酸性成分　66
3中心2電子結合　74

cgs単位系　104, 109
CZ法　61
磁化　144
磁化率　144
磁気モーメント　143
式量　12
磁気量子数　117
磁石　143
シスプラチン　86
質量作用の法則　38
質量数　10
質量分析　10
磁鉄鋼　143

遮蔽効果　53
シャルル　15
12族元素　122
13族元素　69, 73
14族元素　59
15族元素　69, 79
16族元素　79
17族フッ素　81
周期律　48
自由電子　23
重力の加速度　15
受容体　44
主量子数　49, 110, 113
ジュール　16
昇華　35
触媒作用　136
親気元素　78
辰砂ゆう　66
親石元素　78
真ちゅう　18
親鉄元素　78
親銅元素　78

水酸化物　33
水素イオン指数　40
水素過電圧　124
水素酸　33
スピン　117
スピン角運動量　117
スペクトル　109
スライム　71

正極　128
正極活物質　128
絶対温度　15
セラミックス　64
遷移化合物の磁性　142
遷移元素　57, 134, 135
全角運動量　117
センチメートル　109

組成式　12
存在確率　115

タ　行

帯域融解法　62
対角線関係　55
帯スペクトル　120
多座配位子　90
単位格子　102
タングステンブロンズ　107
短周期型　52
単純陽イオン　88
炭素繊維　60
単体　3, 6

置換活性錯体　88
置換不活性錯体　88
窒素酸化物　97
中間成分　66
中性子　9
中和滴定　30
長周期型　52

$d^{10}s^2$型陽イオン　123
低スピン錯体　145
定性分析　76
デイビー　28
定比例の法則　3
滴定曲線　42
デシケーター　30
電気的陽性　54
電気分解の法則　19
電極電位　126
電子　9
電子雲　115
電子殻　49
電子対共有結合　51
電子対供与体　70
電子対受容体　70
電子不足化合物　74
電池　21
電離　38
電離定数　39
電離度　39
電離平衡　38

同位体　10

索引　　　　　　　　　　　　　　　　　　　　153

同素体　3
導電性ポリマー　130
特性X線　49
ドナー　70
ドライアイス　16
ドルトナイド　107
ドルトン　4

ナ 行

内炎　112
内部量子数　117
斜めの類似　55
鉛蓄電池　129

二重項　119
二重線　119
ニッケルカドミウム二次電池　129
ニトログリセリン　99
ニュートン　16

ネルンストの式　127

ハ 行

バイアグラ　99
配位　85
配位化合物　84
配位結合　69
　──の理論　88
配位子　88
配位子場の強さ　142
配位数　85
配位説　84
配向　144
倍数比例の法則　4
パウリの排他原理　120
波動関数　115
波動の性質　114
バナナ結合　74
ハーバー-ボッシュ法　80
ハーフフルの安定性　138
ハロゲン　35
半電池　126
半満軌道の安定性　138

pH　40
非化学量論的化合物　106
非共有電子対　69
非水溶媒　130
非電解質型錯体　95
秒　109
標準電極電位　127
標定　32

ファラデー　19
フェライト　143
不活性対　123
負極　128
負極活性物質　128
不対電子の数　144
物質量　14
不定比化合物　106
フラーレン　60
プランクの定数　110
プリーストリ　2
プルースト　3
ブレンステッド　69
　──の酸・塩基　44
フロッピーディスク　143
分割　87
分光化学系列　140
分子結晶　105
分子説　4
分子量　9
フントの規則　144

平滑筋弛緩　99
平衡　38
平衡定数　38
ヘクトパスカル　16
ベルトライド　106

ボーア　109
ボイルの法則　15
方位量子数　113
ホウ酸　70
ポリアセチレン　130
ホール　26
ボルタ　21

マ 行

埋没水素結合　74

三つ組元素　48

ミョウバン　72

無機化合物の式と名称　93

命名法　95
メートル　109
面心立方格子　102
面積速度一定の法則　111

モル　13
モル吸光係数　140
モル濃度　28
モル分率　18

ヤ 行

軟らかい　77

有機金属化合物　73

釉薬　66

陽イオン　11
　──の定性分析　76
陽子　9
　──の供与体　44
　──の受容体　44
ヨウ素滴定　132
ヨウ素デンプン反応　35, 132
溶融電解　25

ラ 行

ラボアジエ　2
ランタノイド系列　139
ランバート-ベールの法則　140

立方最密充填　104
立方晶系　102
リービッヒ　28
両性水酸化物　34
両性のもの　33

ルイス　69
ルイス酸　88
ルシャトリエの原理　39

ルビー　73

錬金術　1

レントゲン線　101

六方最密充填　104

著者略歴

森　正保（もり・まさやす）

1927年　三重県に生まれる
1950年　東京大学理学部化学科卒業
1965年　大阪市立大学教授
1991年　大阪産業大学教授
　　　　理学博士
主な著書　生化学の魔術師 ― ポルフィリン
　　　　　（ポピュラーサイエンス）（裳華房），
　　　　　遷移元素（訳書）（化学同人）

ベーシック化学シリーズ 1

入門無機化学

定価はカバーに表示

2001年9月20日　初版第1刷
2013年3月25日　第8刷

著　者　森　　正　保
発行者　朝　倉　邦　造
発行所　株式会社　朝　倉　書　店
　　　　東京都新宿区新小川町6-29
　　　　郵便番号　162-8707
　　　　電　話　03(3260)0141
　　　　Ｆ Ａ Ｘ　03(3260)0180
　　　　http://www.asakura.co.jp

〈検印省略〉

© 2001　〈無断複写・転載を禁ず〉　　シナノ・渡辺製本

ISBN 978-4-254-14621-9　C 3343　　Printed in Japan

JCOPY ＜(社)出版者著作権管理機構 委託出版物＞

本書の無断複写は著作権法上での例外を除き禁じられています．複写される場合は，そのつど事前に，(社)出版者著作権管理機構（電話 03-3513-6969, FAX 03-3513-6979, e-mail: info@jcopy.or.jp）の許諾を得てください．

好評の事典・辞典・ハンドブック

物理データ事典	日本物理学会 編　B5判 600頁
現代物理学ハンドブック	鈴木増雄ほか 訳　A5判 448頁
物理学大事典	鈴木増雄ほか 編　B5判 896頁
統計物理学ハンドブック	鈴木増雄ほか 訳　A5判 608頁
素粒子物理学ハンドブック	山田作衛ほか 編　A5判 688頁
超伝導ハンドブック	福山秀敏ほか編　A5判 328頁
化学測定の事典	梅澤喜夫 編　A5判 352頁
炭素の事典	伊与田正彦ほか 編　A5判 660頁
元素大百科事典	渡辺 正 監訳　B5判 712頁
ガラスの百科事典	作花済夫ほか 編　A5判 696頁
セラミックスの事典	山村 博ほか 監修　A5判 496頁
高分子分析ハンドブック	高分子分析研究懇談会 編　B5判 1268頁
エネルギーの事典	日本エネルギー学会 編　B5判 768頁
モータの事典	曽根 悟ほか 編　B5判 520頁
電子物性・材料の事典	森泉豊栄ほか 編　A5判 696頁
電子材料ハンドブック	木村忠正ほか 編　B5判 1012頁
計算力学ハンドブック	矢川元基ほか 編　B5判 680頁
コンクリート工学ハンドブック	小柳 洽ほか 編　B5判 1536頁
測量工学ハンドブック	村井俊治 編　B5判 544頁
建築設備ハンドブック	紀谷文樹ほか 編　B5判 948頁
建築大百科事典	長澤 泰ほか 編　B5判 720頁

価格・概要等は小社ホームページをご覧ください.

4桁の原子量表

原子番号	元素名	元素記号	原子量	原子番号	元素名	元素記号	原子量
1	水素	H	1.008	53	ヨウ素	I	126.9
2	ヘリウム	He	4.003	54	キセノン	Xe	131.3
3	リチウム	Li	6.941	55	セシウム	Cs	132.9
4	ベリリウム	Be	9.012	56	バリウム	Ba	137.3
5	ホウ素	B	10.81	57	ランタン	La	138.9
6	炭素	C	12.01	58	セリウム	Ce	140.1
7	窒素	N	14.01	59	プラセオジム	Pr	140.9
8	酸素	O	16.00	60	ネオジム	Nd	144.2
9	フッ素	F	19.00	61	プロメチウム	Pm	(145)
10	ネオン	Ne	20.18	62	サマリウム	Sm	150.4
11	ナトリウム	Na	22.99	63	ユウロピウム	Eu	152.0
12	マグネシウム	Mg	24.31	64	ガドリニウム	Gd	157.3
13	アルミニウム	Al	26.98	65	テルビウム	Tb	158.9
14	ケイ素	Si	28.09	66	ジスプロシウム	Dy	162.5
15	リン	P	30.97	67	ホルミウム	Ho	164.9
16	硫黄	S	32.07	68	エルビウム	Er	167.3
17	塩素	Cl	35.45	69	ツリウム	Tm	168.9
18	アルゴン	Ar	39.95	70	イッテルビウム	Yb	173.0
19	カリウム	K	39.10	71	ルテチウム	Lu	175.0
20	カルシウム	Ca	40.08	72	ハフニウム	Hf	178.5
21	スカンジウム	Sc	44.96	73	タンタル	Ta	180.9
22	チタン	Ti	47.88	74	タングステン	W	183.8
23	バナジウム	V	50.94	75	レニウム	Re	186.2
24	クロム	Cr	52.00	76	オスミウム	Os	190.2
25	マンガン	Mn	54.94	77	イリジウム	Ir	192.2
26	鉄	Fe	55.85	78	白金	Pt	195.1
27	コバルト	Co	58.93	79	金	Au	197.0
28	ニッケル	Ni	58.69	80	水銀	Hg	200.6
29	銅	Cu	63.55	81	タリウム	Tl	204.4
30	亜鉛	Zn	65.39	82	鉛	Pb	207.2
31	ガリウム	Ga	69.72	83	ビスマス	Bi	209.0
32	ゲルマニウム	Ge	72.61	84	ポロニウム	Po	(210)
33	ヒ素	As	74.92	85	アスタチン	At	(210)
34	セレン	Se	78.96	86	ラドン	Ru	(222)
35	臭素	Br	79.90	87	フランシウム	Fr	(223)
36	クリプトン	Kr	83.80	88	ラジウム	Ra	(226)
37	ルビジウム	Rb	85.47	89	アクチニウム	Ac	(227)
38	ストロンチウム	Sr	87.62	90	トリウム	Th	232.0
39	イットリウム	Y	88.91	91	プロトアクチニウム	Pa	231.0
40	ジルコニウム	Zr	91.22	92	ウラン	U	238.0
41	ニオブ	Nb	92.91	93	ネプツニウム	Np	(237)
42	モリブデン	Mo	95.94	94	プルトニウム	Pu	(239)
43	テクネチウム	Te	(99)	95	アメリシウム	Am	(243)
44	ルテニウム	Ru	101.1	96	キュリウム	Cu	(247)
45	ロジウム	Rh	102.9	97	バークリウム	Bk	(247)
46	パラジウム	Pd	106.4	98	カリホルニウム	Cf	(252)
47	銀	Ag	107.9	99	アインスタイニウム	Es	(252)
48	カドミウム	Cd	112.4	100	フェルミウム	Fm	(257)
49	インジウム	In	114.8	101	メンデレビウム	Md	(256)
50	スズ	Sn	118.7	102	ノーベリウム	No	(259)
51	アンチモン	Sb	121.8	103	ローレンシウム	Lr	(260)
52	テルル	Te	127.6				

^{12}Cの相対原子質量=12,安定同位体がない元素については,代表的な放射性同位体の中の一種の質量数を括弧の中に示す.